粥是身体的良药

让粥成为你的药房

99 道补精气神、养颜美容、聪明头脑、
帮助消化的美味健康粥

[韩]韩福善 著

张钰琦 译

浙江科学技术出版社

粥，既是**药**也是**食**，

是蕴含了祖先们的智慧的膳食。

前　言

　　无论是谁，都有身体不舒服的时候，一般这个时候妈妈都会给我们做一些粥来吃。是不是只要提到了粥，你便会无来由地感受到体贴与关爱呢？

　　在东方人的饮食文化中，从很久以前就流传下来的"粥"里，充满着祖先们卓越的智慧。用米加水煮成的粥，不但能促进消化，而且因为所有的食材都均匀地混合于其中，营养也很丰富。在粮食短缺的年代，粥以少量的谷物填饱了很多人的肚子，也守护了许多生命。在古代的宫廷中，每天凌晨都会在"初早饭"（指凌晨吃早餐）时先呈上粥膳，其目的就是让皇帝的胃肠得到舒缓，并恢复其元气。粥的营养是非常丰富的。

　　粥包含了均衡的碳水化合物、脂肪、蛋白质、维生素、矿物质等，不但能帮助我们恢复元气，更能促进身心健康。对于营养失衡的现代人来说，是一种必需的饮食。

　　《让粥成为你的药房》中记录着许多美味且对身体健康的粥品。正如同"药食同源"所说的，许多食物即药物。粥恰好就是完美地结合了食材与药材的一种饮食，例如流传下来的传统粥品，为了找回健康及治愈疾病，在粥里放入药材的药膳粥，以及为补充所需营养所制成的营养粥等，皆是如此。

　　从营养学角度来看，食材及药材各有不同的性质、味道及功效。因此，选择并食用适合自己的食材才能对自己有帮助。不挑食并不是说不作任何选择地食用每种食材，而是要根据自身状态选择正确饮食，这样才能维持健康。如果能通过本书中所介绍的药材及食材的说明，帮助你找到适合自身的粥膳，那真是太好了！

　　创作这本书时，我对于一起协同工作的伙伴一直都感到很钦佩。因为在我负责的领域中，他们也付出了无比的心力及热忱。我要对那些一同协助此书出版的伙伴们致上最深的谢意。

韩福善

目 录

第四章
肠胃不适！
喝帮助消化美味粥

适合搭配粥的汤和小菜

能作为药物的食材和能作为食物的药材

能帮助消化的食材与药材

如果肠胃常常不舒服或是胀气的话，吃再好的食物也无法被身体吸收，甚至可能会导致营养不均衡、成长迟缓等问题。以下是能增加食欲，帮助消化的食材。

萝卜
富含消化酶与维生素C，能帮助消化、吸收和排出废弃物；含有膳食纤维能预防便秘。消化不良或拉肚子时，饮用萝卜汁能减轻症状。

生姜
能温暖脾、胃，抑制恶心感。独特的香气和辛辣味能刺激胃部运动增加食欲。榨汁后饮用也很好。

梅子
富含柠檬酸，能刺激胃酸分泌来帮助消化，增进食欲。丰富的有机酸能帮助血液循环，具有卓越的抗菌效果，能预防食物中毒和治疗腹泻。

山茱萸
对肾、大肠、小肠非常有益，促进蛋白质的消化，提升消化机能。对于频尿或是经常在半夜上厕所的人很有帮助，对小孩也很好。清爽的味道能提升食欲。

糯米
富含B族维生素，最大特点是虽然热量高，却容易消化。味甜、性温和，能补充胃肠的营养与元气，改善腹泻的情况。

能改善便秘的食材与药材

如果肠道无法好好地消化食物，就会出现食欲不振、腹部鼓胀、恶心以及呕吐的症状。原因有可能是肠胃虚弱或是压力造成的，这个时候就需要靠食物来加以滋补。

红薯
含有丰富的膳食纤维，能将容易导致大肠癌的胆汁废弃物、胆固醇以及脂肪排出体外，减轻便秘的困扰。

干菜（芜菁）
富含维生素A、维生素C和钙质等，还含有能帮助消化和改善便秘的膳食纤维。

清曲酱
用大豆发酵而成，富含各种酶及维生素，能帮助新陈代谢，防止脂肪囤积。帮助消化与清除肠道里的宿便，消除残留在体内的毒素。

白菜
含有90%~95%的水分，不仅有益于改善便秘，还能帮助消化。富含维生素C和钙质，能提高免疫力。非常适合在冬天作为泡菜来食用。所含的钾能排出体内多余的盐分。

香蕉
能够使肠道通畅、健康，对腹泻或是胃肠功能障碍有益。香蕉富含的膳食纤维之一——果胶，能帮助肠道运动。

很久以前就有"药食同源"这种说法。也就是说，"药"和"食材"的根源是相同的，而好的食材对我们的身体具有和药相同的功效。好的食材不仅能提供我们身体必需的营养，还可以预防和治疗疾病。下面我们就来介绍这些药材和食材。

滋补精气的食材和药材

随着年龄的增长，免疫力以及消化能力等各种机能都会下降。因此我们要为大家介绍这些能补充必需营养、富含维生素以及矿物质的材料。

水参

能消解压力、疲劳，对高血压、糖尿病有益，并具有抗癌效果。非常适合感觉有气无力或是小病不断，总是觉得疲劳的人食用。

山药

不仅对肝脏很好，对于胃肠疾病或糖尿病也有卓越的功效。常吃能降低血糖，改善生活习惯病，还有助于消除疲劳。

蒜头

除了味道重之外，蒜头的好处上百种，可以说是"一害百利"的食物。不仅具有抗癌效果，还能促进血液循环，补充体力。

牛肉

富含丰富的必需氨基酸，能帮助补充体力。选用脂肪含量较少的部位非常适合作为老年人的营养补给品。

鸭肉

能帮助驱除体内的寒气，促进血液循环。是恢复元气和排毒相当重要的养生补品。因为大部分都是不饱和脂肪酸，因此和其他肉类相比，即使多吃一点也不会产生负担。

增强脑部机能的食材和药材

头脑是越使用会越灵活。如果能够多食用下列食材的话，不仅能提升脑部机能，还能帮助提高注意力。

坚果

富含对身体很好的蛋白质以及不饱和脂肪酸，能帮助活化大脑，其所含 B 族维生素和矿物质有助于提高记忆力和免疫力。

海带

富含大脑发育必需的碘和钙。能使头脑清新、血液清洁，具有安定神经的功效。

蚵

富含牛磺酸、DHA、EPA 等成分，能提高记忆力，丰富的维生素 B_{12} 能使大脑富有活力，还含有蛋白质、钙、钾、铁、磷与膳食纤维，是营养价值很高的健康食品。

鸡蛋

能生成与记忆力、学习能力有关的脑神经传达物质，可以提高注意力，改善学习能力。蛋黄有预防痴呆的功效。

白茯神、远志、石菖蒲

是"聪明汤"里的三种药材，能提高注意力，改善健忘症，还有安定心神的功效。

维持美丽的食材与药材

年龄的增长、紫外线和错误的饮食习惯会使皮肤产生皱纹、斑点，导致身体肥胖。下面这些食物能帮我们找回窈窕的身材、细致的皮肤与光泽的秀发。

葫芦

富含食物纤维，能帮助消除便秘，有助于减肥。含能活化肠道的比菲德氏菌，可以消除身体的浮肿。

绿豆

能清热解毒，帮助排除废弃物，消除疲劳，有消炎作用。尤其对改善皮肤发炎非常有帮助，还能帮助解除面疱的困扰。

豆芽

含有丰富的维生素 C，对皮肤具有美容功效，还能预防感冒。膳食纤维能帮助排出体内的废弃物，减轻便秘的情况。维生素 B_2 能促进脂肪代谢，对减肥有帮助。

黑芝麻

黑芝麻富含多种营养素，能使头发乌黑亮丽，预防脱发，还能改善遗传性皮肤炎、干性皮肤炎，富含钙质，对女性很好。

茯苓

具有很强的利尿作用，能消除身体浮肿。经常被使用在中医减肥药方中。茯苓还有安定心神的功效。

预防生活习惯病的食材与药材

现代人因为过多的压力与运动不足，容易患高血压、糖尿病等生活习惯病。只要适度运动，搭配吃健康的食物就能维持健康，防止生活习惯病的发生。

豌豆

具有降低血压，延缓葡萄糖吸收的功效，对于高血压和糖尿病等生活习惯病有益。

香菇

含有多种氨基酸，能减少血液中的胆固醇。对于高血压和心脏病患者有益。热量低，是非常棒的减肥食品。

南瓜

能促进制造胰岛素的胰脏细胞再生。富含抗酸化物质，对于糖尿病的并发症有帮助。

大豆

能降低血糖值，非常适合糖尿病患者食用。其中大豆异黄酮能帮助胰脏分泌胰岛素，降低血糖值。

薏苡仁

富含丰富的氨基酸，能促进新陈代谢，消除疲劳。薏苡仁多糖有显著的降糖作用，因此对糖尿病患者很有帮助。

安定心神的食材与药材

压力过大和不规律的生活习惯容易导致心理疾病。
下列食物能安定心神。

菊花茶

能帮助消化，让眼睛明亮，预防眩晕和头痛。菊花丰富的精油成分能帮助安定心神、消除不安。

洋葱

具有清血效果，能安定心神。洋葱的辛辣味与香气能作用于延髓，起到神经安定剂的作用。

红枣

其甜味具有安定心神的效果。能改善神经衰弱、失眠、不安以及歇斯底里症状，还能舒缓胃痉挛。

松花

能保护胃，安定心神、促进血液循环，维持好的精神状态。和蜂蜜、酸奶等一起食用效果佳。

牛奶

能帮助维持神经安定、舒缓疼痛，镇静，维持体温，对失眠有帮助。

帮助感冒好转的食材与药材

虽然感冒是任何人都会患的疾病，不过治疗起来却没那么容易。
下列食物有治疗感冒和咳嗽的功效。

柚子

柚子的维生素是苹果的10倍，橘子的3倍，能帮助预防感冒，提高免疫力。

梨

能解热并且减轻发炎症状，对感冒和咳嗽有帮助。榨汁后加一点蜂蜜来食用即可。

红柿子

富含维生素A，维生素C的含量是苹果的10倍，能预防病毒感染，增强对感冒的抵抗能力。

栀子

能提高免疫力，防止感冒并减轻失眠的症状。具有解热与消炎功效，对感冒引起的喉咙发炎很有帮助。

西蓝花

富含维生素A，能提高黏膜的抵抗力，预防感冒和细胞感染。维生素C的含量是柠檬的2倍，铁质的含量也居蔬菜之冠。

学会这些秘诀煲出完美好粥

煲出美味粥的要领

如果肠胃常常不舒服或是胀气的话，吃再好的食物也无法被身体正常吸收，甚至可能会导致营养不均衡、成长迟缓等问题。以下是能增进食欲，帮助消化的食材与制作美味粥的秘诀。

使用厚的锅

因为粥需要长时间熬煮，因此最好使用厚的锅。比起铝锅或不锈钢锅，最好使用厚的石锅、搪瓷锅或玻璃锅具。由于熬煮过程中很容易溢出来，因此最好使用比食材大 2 倍以上的锅。粥的味道会随着时间而走味，因此最好一次煮刚好要吃的量就好了。

谷物要充分地浸泡

使用粳米、糯米、玉米、薏苡仁、麦子或糙米时，都必须浸泡 1 个小时以上才能煮。如果没有好好浸泡，这些谷物就会不容易煮烂。在米中加入一点香油来熬煮，能让粥具有特殊的香气。

其他食材先炒过再来煮

不论是鲍鱼、牛肉，或是蔬菜等，一定要先用香油爆炒后，再和米、水一起煮。桂皮、黄芪和决明子等干的药材，煮太久会让汤头变苦，而山茱萸、水参等鲜的药材，直接放入一起煮即可。

倒入 7 倍的水

煮粥时，水的份量是食材的 7 倍，如果煮大量的粥，水可以再少一点点。如果是糙米，要多加入一杯水。加水时最好一次加足，如果在中间多次加水，粥会煮得没有光泽。

先用大火煮开再用小火煮

开始时先用大火煮滚，再改用小火慢慢地煮，这样煮出来的粥就有光泽，而且不会溢出来。用大火煮到米半熟时，打开锅盖，转小火，用木制勺子轻轻搅拌，慢慢地煮。

少许调味即可

粥的调味，最好在要关火端下来之前，用少许的盐或酱油简单调味即可。让吃粥的人按照自己的口味加入酱油、盐或是蜂蜜，也是不错的做法。

粥不仅方便食用，而且也适合在没有胃口、没有力气以及消化不良时食用。想要煮出好吃的粥，就要在水量以及火的大小上下点功夫。只要掌握煮粥的要领，想要熬出美味的粥，一点都不难。

煮白粥的秘诀

用白米来煮粥是最基础的。如果能煮出美味的白粥，其他的粥也能煮得很好。

如果你没有信心能煮出美味的粥，就从白粥开始练习吧。

材料
米 1 杯、水 7 杯、盐少许

1 浸泡白米
将米洗净，放在水里浸泡 1 小时，使其充分软化。

2 煮粥
将浸泡过的白米放在锅里，倒入水开始正式进入煮粥的基本程序。

3 小火煮
等待米粒半熟后，转小火，用饭勺轻轻搅拌直到米粒全部煮开为止。用少许盐调味。

想让煮粥变得更简单的话……

用白米饭来煮粥

忙碌的早晨，或是没时间准备恰好突然需要煮粥时，就用已经煮好的白饭来煮粥吧。把隔夜饭拿来煮粥也不错。在平底锅中放入香油和其他的食材稍微拌炒，接着将米饭放入，和食材充分地拌匀，然后倒入水，用大火煮滚后，改成小火煮到饭熟烂了为止。最后用少许的酱油、盐或是香油来简单调味。

磨米或是使用压力锅

想要缩短煮粥的时间，可以将食材先放入搅拌机中搅拌或是放入压力锅中煮，那么就可以在短时间内煮好。把已经泡软的米加入一点香油，放入搅拌机中搅成半碎，因为还保有米粒，所以吃起来会比米浆有口感。如果时间非常急迫的话，选用压力锅是最好的办法。一般倒入米和水，盖上锅盖压煮，等到煮滚后改小火压煮 5 分钟即可。

鲜美高汤为你的粥品打好底

小鱼干高汤

小鱼干要放在冷水里慢慢熬才能熬出美味高汤。要注意的是，煮太久会出现苦味，而且汤也会变得混浊。

材料
小鱼干（大）30 克、水 2.5 升

做法

1 **处理小鱼干**
   去掉小鱼干的头，并取出内脏。

2 **拌炒小鱼干**
   不需放油，将小鱼干放在平底锅上稍微拌炒，去除腥味。

3 **倒入水煮煮**
   将刚刚拌炒过的小鱼干与冷水放入锅中用大火煮滚后转小火，持续煮 20 分钟。

4 **过滤杂质**
   用棉布过滤杂质，使汤清澈。

海带高汤

海带上面的白色粉末具有提味的功效，因此只要把沙子稍微抖掉即可。
要注意的是，如果长时间用大火高温煮的话，会出现腥味。

材料
海带（10 厘米 ×10 厘米）10 片、清酒 2 大匙、水 2.5 升

做法

1 **处理海带**
   用棉布擦拭海带上的沙子或杂质。

2 **浸泡海带**
   将海带放入锅中，倒入冷水浸泡约 30 分钟后，直接用大火煮滚。煮滚后把海带捞出来，倒入清酒再煮 1 分钟。

3 **过滤杂质**
   用棉布过滤杂质，使汤清澈。

即使没有加入非常多的食材，只要高汤熬得好，也能让粥变得美味。在熬煮高汤时最重要的就是要使用新鲜的食材，并搭配香辛料来去除腥味。高汤一次煮滚后，改以小火慢炖是熬出美味高汤的秘诀。

牛肉高汤

汤头浓郁而又香气迷人的牛肉高汤是许多料理都会使用的基本汤头，适合作为大部分粥的高汤。

材料

牛肉 300 克、蒜头 4 粒、胡椒粒 10 颗、清酒 1 大匙、水 2.5 升

做法

1 **去除牛肉的血水**

  将牛肉用棉布或者是好的纸巾包覆，充分吸除血水。

2 **加入辛香料，放水煮滚**

  在锅里放入牛肉、蒜头与胡椒粒，加入冷水用大火煮滚。水滚后要将泡沫捞出。

3 **倒入清酒，转小火**

  一次煮滚后，倒入清酒，调成小火，一直炖煮到汤变成一半左右。

4 **过滤杂质**

  用棉布过滤杂质，使汤清澈。

鸡肉高汤

鸡肉高汤香醇且浓郁，不过需要注意的是，鸡汤会有一种独特的腥味。因此熬以鸡为原料的高汤时最好使用鸡腿或是鸡骨。

材料

鸡 1 千克、葱 1 根、蒜头 4~5 粒、生姜 5 克、胡椒粒 10 颗、水 2.5 升

做法

1 **处理鸡肉**

  去除鸡皮，鸡胸肉取下来另作他用。

2 **加入香辛料，加水煮滚**

  在锅里放入鸡肉、蒜头、生姜与胡椒粒，加水煮40 分钟。

3 **过滤杂质**

  用棉布过滤杂质，使汤清澈。

第一章

补精、气、神！
健康养生美味粥

想要保持健康和年轻的秘诀就在这一碗里。

这是我们为了忙碌且压力繁重的现代人所准备的粥品。

能帮大家能量满满，让大家重新打起精神，

并且能预防各种生活习惯病，为大家的健康把关。

请大家为疲倦的老公、课业繁重的孩子们准备吧！

糙米香菇粥

将泡过的米混合糙米，再放入肉和香菇来煮，是一道健康满分的营养粥，能给虚弱的身体补充能量，预防生活习惯病。

材料

浸泡过的米1／2杯、浸泡过的糙米1／2杯、水7杯、牛肉100克、蘑菇4朵、香油、盐各少许

牛肉调味料 酱油1／2大匙、砂糖1／2小匙、葱花1小匙、蒜末1小匙、紫苏盐1／3小匙、香油1／2小匙、胡椒粉少许

> 糙米可以使用搅拌机搅碎，或是利用压力锅煮，以便使其熟透好入口。

1 **研磨糙米和米**
   将浸泡过的糙米和米放到搅拌机中搅碎成原来的一半大小。

2 **处理蘑菇和牛肉**
   牛肉切细丝，与调味料一起腌。蘑菇切片。

3 **拌炒蘑菇和牛肉**
   在锅中放入香油，先拌炒腌好的牛肉，再放入蘑菇一起拌炒。

4 **煮粥**
   在3中放入糙米、米和水，用木制饭勺搅拌，用大火煮。

5 **调味**
   待粥熟透后，加入少许的盐调味后，装碗。

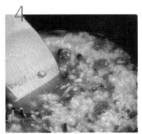

药食同源 强健脾胃，并帮助预防生活习惯病

糙米 营养价值高，能健脾胃，生津解渴，温和止泻。除了膳食纤维，蛋白质、矿物质含量是一般米的2倍。

香菇 含有能减少血中胆固醇的单宁酸，对高血压和心脏病患者有益。最近研究显示，香菇具有抗癌功效。

※ 单宁酸具有很强的生物活性，有抗氧化功效。

牛肉粥

加入了牛肉与桂皮一起熬煮的粥，香气宜人且汤头浓郁，富含蛋白质，风味绝佳，最适合在没有胃口或是感觉有气无力时食用。

材料

浸泡过的米1杯、水8杯、牛肉(牛小排)100克、香菇100克 、松子少许、盐少许

牛肉调味料 酱油1／2大匙、砂糖1／2小匙、葱花1小匙、蒜末1小匙、紫苏盐1／3小匙、香油1／2小匙、胡椒粉少许

如果不放入牛肉，只单独熬桂皮汤的话，汤头会有些辛辣感，不过一样可口。

1　**煮牛肉和桂皮**
　　将牛肉泡在水中去除血水，放入锅中，加上水，和桂皮一起煮30分钟。

2　**为牛肉改刀调味**
　　捞出煮过的牛肉和桂皮，牛肉切成易入口的大小加牛肉调味料拌匀。

3　**煮粥**
　　在2中加入泡过的米，用中火熬煮。米半熟后改用小火慢慢熬煮。

4　**放入香菇调味**
　　粥熟后，将香菇切好放入，用盐简单调味后，熄火，装碗。

5　**将牛肉、松子摆上**
　　将拌好的牛肉和松子放上去。

 强健肌肉与骨骼

牛肉 能补血，为肌肉和骨骼提供营养。牛肉的蛋白质能提供多种必需氨基酸，营养价值高。

桂皮 性温，有益胃、肝、肾，有益消化，能去除寒冷，增强体力，也能促进各种脏器的血液循环。

牛肉丸子粥

将牛肉做成丸子入粥，不仅增强口感还能增添视觉趣味性，带有香气的芝麻叶与爽口的黄瓜更增添风味与营养价值。

材料

浸泡过的米1杯、水7杯、牛绞肉100克、豆腐30克、小黄瓜1／3个、紫苏粉适量、盐少许

丸子调味料 酱油1／2大匙、葱花1小匙、蒜末1／3小匙、紫苏盐1／3小匙、香油1／2小匙、胡椒粉少许

> 不做成丸子的话，直接将牛绞肉炒一炒放入粥中也可以。

1 **处理食材**
   豆腐用刀背拍碎后，和牛绞肉、丸子调味料一起混合均匀。小黄瓜切薄片备用。

2 **捏丸子**
   将1的材料捏成小小的丸子。

3 **将丸子煮熟**
   在锅中将水煮滚，放入丸子。水滚时，捞去泡沫。

4 **煮粥**
   在3中放入米，用大火煮开，煮熟后改用小火煮。

5 **放入紫苏粉和调味料**
   加入紫苏粉与黄瓜，简单用盐调味后，稍微再煮一下，装碗。

  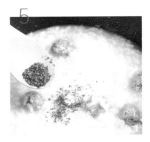

 富含蛋白质与维生素

牛肉 能帮助补血，提供肌肉和骨骼的营养。牛肉的蛋白质富含多种人体必需氨基酸，营养价值高。

芝麻叶 富含维生素，在虚弱时食用能增强体力，富含丰富的亚麻油酸、维生素E、维生素F，有助于美容。

鲍鱼粥

先将鲍鱼用香油炒过后再煮成粥的话，光闻香味就令人食指大动。能明目还能恢复体力的鲍鱼，可以说是最佳的滋补食材了。

材料

浸泡过的米 1 杯、水 7 杯、鲍鱼 2 个（300 克）、

香油 1 大匙、酱油少许、盐少许

1 **处理鲍鱼**
   将鲍鱼洗净，用汤匙将肉取出来。将鲍鱼肉切成薄片。

2 **炒鲍鱼**
   在锅中加入香油，放入鲍鱼拌炒，之后加水，用大火煮滚。

3 **煮粥**
   在 2 中放入泡好的米，用木制饭勺搅拌，慢慢煮。

4 **调味**
   粥熟后，用盐简单调味后，熄火，和酱油一起装碗盘。

将鲍鱼内脏一起熬煮也可以，可由个人口味决定内脏去留。母鲍鱼的内脏是深绿色，而公鲍鱼的内脏是深黄色。

 非常适合容易疲劳的人

鲍鱼 富含人体必需氨基酸、磷、铁、碘和维生素 A，能增强肝功能，因此非常适合易疲倦的人食用。

黄芪鸭肉粥

加入了能补气的黄芪与糯米熬制成的滋养粥，尤其还加入了营养满分的鸭肉，是非常好的养生食品。

材料
浸泡过的糯米 1 杯、熏鸭 100 克、盐少许、

黄芪水 黄芪 10 克、水 10 杯

1 **煮黄芪水**
将黄芪洗净，切大块，放入锅中，加水熬煮 30 分钟之后，捞出黄芪。

2 **煮糯米粥**
在煮好的黄芪水中，加入泡好的糯米，注意不要煮焦糊了，要一边搅拌一边慢慢煮。

3 **将熏鸭肉切块放入**
鸭肉切块，放入 2 中，一边搅拌一边熬煮。

4 **调味**
粥熟后，用盐简单调味后，熄火，装碗。

用干药材入粥时，要先浸泡药材，用浸泡该药材的水来煮粥。在制作白斩鸭肉或是白斩鸡时，也可以加入黄芪一起煮。

3

 能提高免疫力，促进血液循环

黄芪 能帮助恢复体力，强健身体。还能帮助提高免疫力并消除压力，非常适合平常小病不断的人。

鸭肉 能补充脾胃与肺的元气，温暖身体，促进血液循环。
由于鸭肉中大部分都是不饱和脂肪酸，因此适量和适当食用不用担心血脂升高问题。

参鸡粥

在幼鸡中放入人参和蒜头来煮，味道非常香浓。由于人参、蒜头和鸡肉都能补充元气，参鸡粥可以说是具有安定心神效果的绝品粥。

材料
浸泡过的米1杯、水7杯、幼鸡1／2只、人参20克、红枣4颗、蒜头4颗、葱花少许、盐少许、胡椒少许

1 **煮食材**
在锅中倒入水，放入幼鸡、人参和去核的红枣、蒜头一起煮。

2 **处理煮过的食材**
鸡肉熟后捞出，撇去浮油。将人参切细，鸡肉去骨，用手撕成鸡肉丝。

3 **煮粥**
在刚刚煮好的鸡肉汤中加入泡好的米，用大火煮。

4 **放入鸡肉和人参**
米粒半熟后，放入鸡肉与人参，一边搅拌一边继续煮。

5 **调味摆盘**
米熟后改小火，用盐简单调味后，和用葱花、胡椒、盐调味过的鸡肉一起装盘。

红枣在作为药膳食补使用时须去核。

 帮助消除疲劳，排除毒素

鸡 性温和，能温暖脾胃，补充元气。具有恢复肝功能的功效，能给疲劳的身体补充活力。

蒜头 性质温和，能温暖脾胃与肺，还能帮助排出体内的毒素。

黑芝麻粥

用黑芝麻和米一起熬成的美味粥，黑芝麻富含大量的脂肪，非常适合补充元气。

材料
浸泡过的米 1 杯、炒过的黑芝麻 1 / 2 杯、水 7 杯、蜂蜜、盐各少许

1　**搅碎泡过的米**
　　将泡过的米放入搅拌机中，加入 2 杯水一起搅碎。

2　**准备黑芝麻粉**
　　炒过的黑芝麻放入搅拌机中，加入 2 杯水搅拌，放一会儿后过滤一下，将杂质去除。

3　**煮粥**
　　将刚刚搅碎的米与黑芝麻放入锅中，将剩下的水倒入，用小火熬煮。

4　**调味**
　　粥熟了之后，用盐简单调味，和蜂蜜一起装碗。

> 平常可以将米磨成粉放在冷冻室里，需要时可以方便取用。

 补充元气，预防便秘

黑芝麻 能补充肝、心、脾、肺和肾的元气，是非常棒的体力补充食材。钙的含量是奶酪的 2 倍，牛奶的 11 倍，能预防女性停经后的骨质疏松症状，因为富含铁质，所以能改善贫血。

核桃牛奶粥

将米磨细后加入牛奶一起熬煮，是韩国传统的宫廷牛奶养生粥，将米研磨过，不仅好吸收而且营养价值高。

材料

浸泡过的米1杯、水3杯、牛奶3杯、核桃少许、蜂蜜少许、盐少许

1　将泡过的米搅碎
　　将米和水倒入搅拌机中搅碎。

2　**放入牛奶煮粥**
　　在锅中放入搅碎后的米和牛奶，用小火煮，用木制饭勺搅拌，注意不要结块。

3　**调味**
　　煮熟后，用盐简单调味，再一边搅拌一边煮。

4　**放入核桃**
　　粥熟后，放上核桃，和蜂蜜一起装碗。

 预防胃癌

牛奶 内含丰富的营养。能补充心、胃与肺的营养，预防胃癌。韩国从三国时代起就有饮用牛奶的纪录，根据韩国宫廷内医院的纪录，从10月初一直到正月都会一直煮牛奶核桃粥来饮用。

豆粥

将煮熟的大豆与米一同研磨，能做成口感温润又美味的粥，因为富含植物性蛋白质，对五脏的健康有益，而且热量低，毫无负担。

材料

浸泡过的米 1 杯、煮过的大豆 3 杯、水 15 杯、盐少许、蜂蜜少许

1 **制作豆浆**
   将大豆泡胀后，去皮，加入 5 杯水一起放入搅拌机中搅碎。过滤备用。

2 **煮粥**
   将米放在锅中，倒入剩下的水，用大火煮。

3 **放入豆浆熬煮**
   粥熟后改小火，加入 1 的豆浆，用木制饭勺一边搅拌一边煮。

4 **调味**
   粥熟了之后，用盐简单调味，和蜂蜜一起装碗。

要将大豆搅碎，粥的口感才能更显柔和。也可以使用豆浆来取代大豆。

药食同源 **强健五脏功能**

大豆 含有优质脂肪和蛋白质，是营养满分的健康食品，心脏病、动脉硬化和高血压患者可以放心食用。大豆能增强五脏的功能，帮助身体的水分代谢与血液循环，有抗氧化和增强记忆力的功效。

水参养生粥

这是放有水参和黄芪的白米粥。能改善久病后的气力不足，和压力或人体老化而造成的虚弱。因为能安定心神，可以说是养生滋补粥中的佳品。

材料

浸泡过的米 1 杯、水参 10 克、盐少许

黄芪水 黄芪 10 克、水 10 杯

1 **煮黄芪水**
   将黄芪洗净，切大块，放入锅中，加水煮 30 分钟之后，捞出黄芪。

2 **煮粥**
   在煮好的黄芪水中加入泡好的米，用木制饭勺一边搅拌一边慢慢煮，不要煮焦糊了。

3 **放入水参**
   在米半熟之后，将水参切片，放入，一直煮到粥有黏稠感为止。

4 **调味**
   粥熟了之后，用盐简单地调味，装碗。

> 如果使用的不是水参而是干的人参，就要和黄芪一起放入水里煮。根据个人喜好，可以适量加入蜂蜜食用。

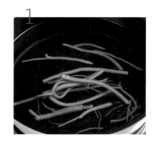

1

 有助恢复元气

水参 味甜略带一点苦味，性质温和。能补充肺、脾和心脏的元气，有安神的作用。对压力大的人、疲劳者、高血压、糖尿病患者都很好，还具有抗癌效果。

黄芪 能帮助虚弱的身体恢复力气和健康。提高免疫力，消除压力，非常适合平常小病不断的人。

麦门冬水参粥

加入了水参、五味子与麦门冬所煮成的麦门冬水参粥，这道粥非常适合夏天流汗很多，或常觉得口渴时饮用。

材料

浸泡好的糯米 1 杯、蜂蜜少许、盐少许

五味子水 五味子 1 / 3 杯，水 1 杯

麦门冬水参水 麦门冬 50 克，水参 1 根，水 7 杯

1　**煮五味子**
　　五味子洗净，加入微温的水 1 杯，约浸泡 3 小时。

2　**熬煮麦门冬水参水**
　　在锅中放入麦门冬，加入 7 杯水，煮 30 分钟后，放入水参再煮 10 分钟。

3　**煮粥**
　　在锅中放入糯米，倒入麦门冬水参水，用大火来煮滚。煮粥时，放入 1 的五味子水，将水参切薄片放入，再稍微煮一下。

4　**调味**
　　粥熟了之后，以盐简单的调味，和蜂蜜一起装盘。

麦门冬水参粥可以直接食用，或是加入西瓜与蜂蜜当作甜粥食用。

1

 赋予身心活力

麦门冬 味甜，带有一丝苦味。性质寒凉。能降肺、心和胃热，有益于各种脏器的健康，能让身体充满活力。

五味子 帮助恢复肺、心与肾的活力，安定情绪，让身体充满活力。

栗子粥

加入了磨碎的栗子的营养粥，栗子富含蛋白质、碳水化合物、脂肪与维生素等多种营养，对健康很好，能养胃。

材料

浸泡过的米 1 杯、水 8 杯、栗子 20 个、盐少许

1 **煮粥**

　将泡过的米放在锅中，加水用大火一边煮一边搅拌。

2 **处理栗子**

　将栗子去皮，2／3 放到搅拌机中搅碎，1／3 每个切成小小的 3~4 片。

3 **放入栗子**

　米熟了后，改成小火，将搅碎的栗子与切好的栗子放入。

4 **调味**

　粥熟了之后，用盐简单调味，装碗。

如果先把栗子磨碎就会变色，因此应该一边煮粥一边准备。如果觉得搅碎栗子很麻烦，用刀背拍碎也可以。

药食同源　**营养均衡丰富的优良食品**

栗子 味甜、性温和。营养均衡，含有蛋白质、碳水化合物、脂肪、维生素与矿物质等营养素，是营养满分的食品。能补充脾胃与肾的元气，具有活血止血和改善胃肠功能的作用。

黄鱼粥

只要把外皮煎得酥脆的美味黄鱼肉放到粥中，就不需要其他的小菜了。能补充身体缺乏的元气，可以使眼睛明亮。

材料

浸泡过的米1杯、水7杯、黄鱼2条、洋葱50克、芹菜30克、红辣椒1／2个、清酒1大匙、蒜末1／3小匙、生姜汁1小匙、紫苏盐、香油、盐各少许

1　**煎黄鱼**
先把黄鱼煎熟，然后取下鱼肉。

2　**熬煮黄鱼高汤**
把鱼肉取下后，剩下的部分放在锅中，加入水和清酒熬煮。煮滚后，过滤只留下清汤。

3　**煮粥**
将浸泡过的米放到2中，用大火煮。水滚后，把切好的洋葱、蒜末和姜汁放入，用木制饭勺一边搅拌一边煮。

4　**调味**
粥熟了之后，将芹菜切成细丝放入，加入鱼肉、红辣椒，用紫苏盐、香油与盐调味后，稍微煮一下即可装碗。

> 海鲜粥的重点在于不能有腥味。将鱼先煎过后，加入清酒、蒜头与生姜就能去除腥味。

 补足元气，帮助消化

黄鱼　富含优良的蛋白质能帮助恢复元气。能补充胃、肝和肾所需的营养，因为好消化，能改善腹泻等症状。富含维生素A与维生素D，能消除疲劳，有明目的功效。

决明子粥

是在决明子茶中加入猪肝煮出的白米粥。决明子能让眼睛明亮有神，猪肝对于贫血有益，可以补充精力。

材料

浸泡过的米 1 杯、水煮猪肝 100 克、西蓝花 30 克、胡萝卜丁 20 克、酱油 1 大匙、清酒 1 / 2 大匙、葱花 1 小匙、蒜末 1 / 3 小匙、紫苏盐、香油少许、盐少许

决明子茶 炒过的决明子 10 克、水 8 杯

1 **煮决明子**
   决明子放在锅中用水煮滚。

2 **处理猪肝**
   将煮熟的猪肝切成小块。

3 **炒猪肝**
   在锅中放入香油，加入猪肝、胡萝卜丁、切成小块的西蓝花、酱油、清酒、葱花、蒜末与紫苏盐一起拌炒。

4 **煮粥**
   在 3 中放入泡过的米与决明子茶，用大火煮。待米煮熟后，用盐简单调味，装碗。

 能使眼睛清澈明亮，补充体力

决明子 "决明"的意思就是使眼睛清澈明亮，是一个被广泛运用在中药处方中的药材。能保护肝脏和肾脏，恢复身体的元气，缓解宿醉，非常适合经常要喝酒应酬的人。

猪肝 含有优良的蛋白质、脂肪、B 族维生素、矿物质，其富含的铁对贫血有益，能补充精力。

山茱萸虾子粥

口感微酸的山茱萸和鲜美的虾组合而成
具有独特风味的粥，能补充元气，有益
肝脏的健康，还能让身体感觉轻盈。

材料

浸泡过的米 1 杯、山茱萸 10 克、虾肉 10 克、
细葱 1 株、蒜末少许、盐少许、香油少许、山
茱萸水 山茱萸 10 克、水 7 杯

1　**处理食材**
　　用盐水将虾肉洗净。细葱切细丝。

2　**煮山茱萸**
　　在锅中放入山茱萸，加水煮 10 分钟。

3　**拌炒食材**
　　在锅中放入香油，先将细葱与蒜末放入拌炒，再放入虾肉与刚刚熬煮山茱萸的水。

4　**煮粥**
　　在 3 中放入泡过的米，用大火煮，用木勺一边搅拌一边煮。

5　**调味**
　　粥熟了之后，改用小火煮，用盐简单调味，装碗。

> 山茱萸微酸的气味能
> 去除虾肉的腥味。

 帮助提升免疫力

山茱萸 食用后会感觉身体变轻盈，能帮助恢复力气，常作为恢
复元气时使用的药材。

虾 富含丰富的蛋白质、磷、钾、钙等矿物质，还有非常高的维生素 A，
富含能降低血中胆固醇数值的单宁酸，具有解肝毒的效果，能帮助提高
免疫力，有益健康。

当归韭菜粥

用当归煮的粥对血液循环非常好，韭菜能补充身体的元气，有益肠道健康，加入粥中能提高这道粥的营养价值。

材料

浸泡过的米 1 杯、韭菜 100 克、盐少许
当归水 当归 5 克、水 8 杯

1　**煮当归水**
　　在锅中放入当归和水，煮 10 分钟后，将当归捞起。

2　**煮粥**
　　在当归水中放入米，用中火煮。

3　**放入韭菜**
　　粥半熟后，将韭菜切细段放入。

4　**调味**
　　粥熟了之后，用盐简单调味，装碗。

当归的香气很浓，因此只用少量来煮即可。当性质相同的药材和食材一起使用时，能呈现较佳的效果。

（药食同源）能清血并且能增强肝脏机能

韭菜 韭菜又被称为维生素的宝库，其维生素的含量丰富可见一斑。在《东医宝鉴》中以"肝的蔬菜"来称呼它，可见其具有增强肝脏机能的功效。有清血作用，能预防生活习惯病。

当归 又称为"专属于女性的药草"，对于预防妇科疾病有很好的效果，有清血和促进新陈代谢的功效，能补血活血。

牛骨汤粥

在香醇浓郁的牛骨汤中加入白米熬制而成。能补充元气，强健骨骼和肌肉。

材料

浸泡过的米 1 杯、水 5 杯、牛骨高汤 2 杯、红萝卜、红枣、辣椒粉、胡椒粉、盐各少许

1 煮粥
   先在锅中放入浸泡好的米与 5 杯水，用大火煮。

2 放入牛骨高汤
   在 1 中放入牛骨高汤，改小火，用木制饭勺搅拌，慢煮。

3 放入蔬菜
   米熟了之后，将红萝卜、红枣与细葱切丝放入。

4 调味
   用盐简单调味后，与辣椒粉和胡椒粉一起装碗。

将牛骨洗净后，要一直熬到汤头呈现浓郁的白色为止。熬得越久煮粥用的汤头越美味。

 帮肌肤恢复弹力，维持肌肉的强健

牛骨 能健胃且保护骨骼。在药膳疗法中，有"以脏补脏，引经作用"这样的话，意思是吃动物的某一个部位就能补充人体的同一个部位元气。因为牛骨富含胶原蛋白，所以对于关节和肌肉很有帮助。

山药豆浆粥

加入了富含植物性蛋白质且能帮助消化
的山药和豆浆，不管何时吃都能让肠胃
感觉舒服。食用这道粥，营养丰富又具
美容效果，可以说是一石二鸟。

材料

浸泡过的米 1 杯、水 5 杯、山药 100 克、豆浆 2
杯、迷你甜椒 2 个、香油、盐各少许

1 **切山药与甜椒**
   山药去皮，切小块，甜椒整个切成一圈一圈的形状。

2 **煮粥**
   在锅中放入香油，先将米炒一下，倒入水用大火煮滚。

3 **放入山药**
   粥滚后，改小火，放入山药继续煮至熟透。

4 **调味并放入甜椒与豆浆**
   用盐简单调味，放入甜椒和豆浆，轻轻搅拌后装碗。

> 山药用食用醋浸泡后可
> 以去除黏液，黏液在药
> 膳中具有一定的功效，
> 因此不介意的人也可以
> 不去除黏液直接使用。

 降低血压，减少胆固醇

山药 含有丰富的蛋白质和必需氨基酸，是非常好消化的食品。
能促进胰岛素的分泌，具有预防糖尿病的功效。

豆浆 富含蛋白质和大豆卵磷脂，具有预防心脏病与高血压的功效，丰富
的不饱和脂肪酸能帮助降低胆固醇数值。

桑叶桑葚粥

放入了桑叶与桑树的果实——桑葚，是一道酸甜可口的粥品。具有让眼睛明亮、血液清澈的功效。

材料

浸泡过的米 1 杯、桑叶粉 1 / 2 小匙、桑葚 1 / 2 杯、水 7 杯，蜂蜜、盐各少许

1 **煮粥**
   在锅中放入泡好的米，加入水用大火煮。

2 **加入桑叶粉**
   米半熟之后，改小火，加入桑叶粉均匀搅拌。

3 **放入桑葚**
   米熟透后，加入桑葚。

4 **调味**
   粥熟了之后，用盐简单调味，和蜂蜜一起装碗。

桑葚非常细嫩，长久加热的话，紫色会消失，因此最后放入粥中即可。
也可用桑叶茶来取代桑叶粉。
在微酸口感的粥中放入蜂蜜能增添粥的甜蜜风味。

药食同源 🔍 **抗酸化效果优异**

桑葚 深紫色或深黑色的桑树果实，在《东医宝鉴》中有言，"桑葚利于五脏"，所含的花青素具有卓越的抗老化效果，有清血、改善血液疾病和预防糖尿病的功效。

薏苡仁松叶粥

用薏苡仁与米熬成的美味粥，能补充气力，帮助消化，还有预防贫血的功效。

材料

浸泡过的米 1 / 2 杯、浸泡过的薏苡仁 1 / 2 杯、水 7 杯、松叶粉 1 / 2 小匙，蜂蜜、盐各少许

1　**研磨薏苡仁**
　将浸泡过的薏苡仁放进搅拌机中搅碎。

2　**放入米和薏苡仁**
　在锅中放入米和薏苡仁，加入水用大火煮。

3　**放入松叶粉**
　米半熟后，改小火，放入松叶粉，一边煮一边均匀搅拌。

4　**调味**
　粥熟了之后，用盐简单调味，和蜂蜜一起装碗。

如果把整颗薏苡仁放进去煮的话，嚼起来口感较硬，最好放入搅拌机中搅碎。松叶粉的香气浓烈，只要加一点点即可。

 消除疲劳，补给营养

薏苡仁 富含丰富的氨基酸，能促进新陈代谢，消除疲劳。含有比米丰富得多的蛋白质、脂肪、钙质与铁质成分，对于治疗糖尿病有益。

松叶 含必需氨基酸能帮助蛋白质的合成，丰富的矿物质能帮助消除疲劳。富含铁质能改善贫血。

河豚萝卜粥

使用河豚解酒汤的汤头来熬煮的粥，因此为汤头一绝。河豚有保护肝脏的功效，而萝卜能帮助消化。

材料

浸泡过的米1杯、水7杯、河豚干50克、鸡蛋1个、白萝卜20克、小葱1株、酱油1小匙、蒜末1／3小匙、香油、盐各少许

蘸酱 酱油1大匙、葱花1／2大匙、蒜末1／3小匙、紫苏盐、香油1小匙

1 处理食材
将河豚干泡水后，切成细丝。小葱切成葱花，白萝卜切成薄片后再切成细丝。

2 拌炒材料
在锅中放入香油，将河豚丝、葱花、萝卜、酱油与蒜末加入拌炒。

3 煮粥
在2中放入泡过的米，倒入水，用大火煮。

4 打蛋花与调味
粥熟了之后，打入蛋花，用盐简单调味后，装碗，和调味蘸酱一起摆盘。

河豚的头、尾巴和鳍不要丢掉，可以用来熬汤使用。

 缓和宿醉与提升免疫力

河豚 具有很多能保护肝脏的成分，因此常被使用在解酒汤中。蛋白质含量是豆腐的8倍，牛奶的24倍，是高蛋白的健康食品，和其他海鲜相比，脂肪含量低，对血管相当好。

萝卜 富含的酶与膳食纤维能帮助消化，含有的维生素C能治疗感冒。

人参粥

是添加了能补充元气，预防癌症的水参
熬成的粥，加入了栗子与红枣更增添风
味，香甜口味能帮助恢复食欲。

材料
浸泡过的米1杯、水7杯、水参1根、红枣4个、
盐少许

1　**切食材**
　将水参与栗子切成薄片，红枣去核切片。

2　**煮粥**
　在锅中放入泡过的米和水，用大火煮。

3　**放入食材**
　米熟透后，放入水参、栗子与红枣，用小火煮熟。

4　**调味**
　用盐简单调味后，装碗。

也可以用人参粉代替
水参。人参粉在米半
熟时放入。

1

 具有清血以及让手脚温暖的效果

水参 能增强肺、脾和心脏的元气，安定神经。还有改善癌症
症状的效果。

红枣 安定神经、消除压力的效果佳，是非常适合现代人多多
食用的食材。能促进血液循环，改善四肢冰冷，抑制咳嗽。
因为具有消炎、镇痛的功效，所以对关节炎有益。

莲子山药粥

放入了莲子与山药煮成的粥品，对胃有
益。
能补充元气，易消化，可以放心地享
用。

材料

浸泡过的米 1 杯、水 8 杯、莲子 1／2 杯、山
药 100 克、红萝卜 20 克、香油少许、盐少许

1 **处理莲子**
   莲子放在微温的水中泡，要泡到没有涩味后，用手将外皮搓掉。之
   后放入搅拌机，加入 1 杯水，绞碎。

2 **切山药、红萝卜**
   山药削皮，切成细丝，红萝卜也切成细丝。

3 **煮粥**
   在锅中放入泡好的米，加入 7 杯水，用大火煮。

4 **放入山药、红萝卜**
   米熟透后，放入处理过的莲子、山药与红萝卜。

5 **调味**
   粥熟了之后，用香油和盐简单调味后，装碗。

莲子是荷花的果实。带皮
煮会有涩味，最好是去掉
外皮。去皮后做成莲子粉
来使用，或者使用芡实也
可以。

1

 强健心脏，预防生活习惯病

莲子 富含碳水化合物、蛋白质、脂肪、维生素，以及铁、钙、
钾等矿物质。《东医宝鉴》中说莲子有养心安神的作用。

泡菜粥

在泡菜汤中放入糙米熬成的粥，是一道具有传统风味的粥品。能帮助恢复体力，增加食欲，有促进消化和防止便秘的效果。

材料

浸泡过的糙米 1 杯、水 7 杯、白菜泡菜 100 克、猪肉 50 克、酱油少许、盐少许

猪肉调味料 酱油 1 小匙、葱花 1 / 2 匙、蒜末 1 / 3 小匙、香油少许

1 **切白菜泡菜**
   将熟度适中的泡菜切成细丝。

2 **腌猪肉**
   猪肉切细条状后，加入酱油、葱花、蒜末与香油的蘸酱来腌。

3 **炒泡菜与猪肉**
   在锅中放入腌的猪肉拌炒后，放入泡菜与水，用大火煮。

4 **煮粥**
   煮滚后，放入泡好的糙米一起煮。

5 **调味**
   糙米熟了后，用盐简单调味后，和酱油一起装碗。

在煮药膳粥时，可以适当地加一点胡椒粉。用略带酸味的熟成泡菜来煮粥会更美味。

 促进肠道运动，消除疲劳

泡菜 富含乳酸菌和各种酶、膳食纤维与维生素 C，能帮助肠道蠕动，促进消化与排泄。有增加食欲与消除疲劳的效果。

猪肉 含有优质的蛋白质与脂肪。含有人体必需脂肪酸之一的亚麻油酸，能提高大脑的机能。猪肉中含有铁，能保护肝脏和消除疲劳。

糯米小米浆

将泡过的糯米与小米一起煮成粥后，再研磨成更细的米浆。是有助于消化并且能补充体力的营养食品。

材料
浸泡过的糯米 1 / 2 杯、小米 1 / 2 杯、盐少许
水参红枣水 水参 2 根、红枣 10 颗、水 13 杯

1　**洗小米**
　　小米洗净，在滤网上晾干。

2　**熬煮水参与红枣**
　　在锅中放入水参与红枣再加水，用大火煮滚。

3　**煮粥**
　　在 2 中放入泡过的糯米和小米，一边搅拌一边用大火煮。

4　**过滤米粥**
　　糯米和小米煮熟后，用滤网过滤，再放入果汁机中搅碎，做成米浆。

5　**调味**
　　吃之前放入锅中加热，用盐简单调味后，装碗。

 丰富的营养，能帮助恢复体力

小米 富含蛋白质与矿物质、维生素，可以补充元气。和米饭一起吃，可以增加膳食纤维的摄取，有减肥效果。丰富的膳食纤维能帮助排便，预防便秘，还有预防大肠癌的作用。

第二章

漂亮瘦身！
养颜美容美味粥

"西方化"的饮食习惯与公害、压力等，
都是现代社会充斥着的有害皮肤和身体的元素，
为了保持美丽，千万别忘记海带、绿豆、茯苓和五味子等食材。
煮成容易入口的粥，能让你享用美食的同时，
还能拥有窈窕的身材、富有弹性的肌肤和有光泽的秀发。

红鱼海带粥

将红鱼烤得皮酥肉熟后，与海带一起煮成的粥，是一道高蛋白、低热量的粥品。富含蛋白质与膳食纤维，对减肥有益。

材料

浸泡好的米1杯、水7杯、红鱼1条、浸泡的海带100克、清酒1大匙、蒜头2颗、香油少许、盐少许

1 **烤红鱼**
   先将红鱼烤熟，注意不要烤焦，然后取下鱼肉。

2 **熬红鱼高汤**
   取下鱼肉后剩下的部分放到锅中，加水、清酒与蒜头，用小火煮20分钟。熬出汤汁的颜色后捞出。

3 **拌炒海带**
   在锅中放入香油，拌炒海带。

4 **煮粥**
   在3中倒入浸泡好的米，加红鱼高汤用中火煮，同时用木制饭勺搅拌。

5 **放入红鱼肉并调味**
   粥熟了后放入红鱼肉，稍微再煮一下，然后用盐简单调味后装碗。

 对女性非常有益的食材

海带 富含膳食纤维，能消除便秘，热量非常低，因此对减肥有益。因为能促进新陈代谢，自古以来就是产妇进行产后调理必吃的食物。是对女性健康非常有益的食品。

红鱼 味道清爽且富含蛋白质，由于脂肪少，因此是很容易消化的海鲜。在一年之中12月至次年3月时最美味，而且和海带的味道非常搭。

发菜粥

加入了滑溜溜的发菜，是一道光看一看就觉得很有食欲的粥。加入鲍鱼后更加美味，不仅对减肥有益，还具有美容的功效。

材料

浸泡过的米 1 杯、水 7 杯、发菜 1 / 2 杯、鲍鱼 1 个、酱油 1 大匙、香油少许、盐少许

以鲜蚵取代鲍鱼亦可，但也要先炒过。
发菜可以先整理成一次要用的小团，然后放在冷冻室备用。

1 **处理鲍鱼**
将鲍鱼洗净后，用汤匙将肉挖出，切成细丝。

2 **洗发菜**
将发菜放在滤勺上，用流水清洗。

3 **煮粥**
在锅中加入香油，放入鲍鱼拌炒后，加水并放入泡好的米煮粥。

4 **放入发菜与调味**
米熟后加入发菜，均匀混合后以盐简单调味后装盘。

 富含膳食纤维，有益皮肤

发菜 富含膳食纤维，能帮助减肥和消除便秘。是营养价值均衡的高蛋白食品。

鲍鱼 有促进血液循环和润肠的功效，对皮肤美容相当有效。富含蛋白质与维生素，是非常适合产后调理的食品。

红豆粥

在白米中加入红豆一起煮的传统粥品。加入小汤圆会更美味。红豆含有皂素能缓解便秘，对皮肤有益。

材料

浸泡过的米1杯、水20杯、红豆2.5杯、蜂蜜少许、盐少许
汤圆 糯米粉1杯、盐少许、水1／3杯

1　**煮红豆**
　　红豆洗净放入锅中，加入水煮滚。水变少的话再加一点水，煮到红豆煮烂为止。

2　**捏汤圆**
　　在糯米粉中加入盐和热水，搅拌均匀，捏成1厘米大小的汤圆。

3　**煮粥**
　　在锅中放入米，加水煮。水滚后放入煮红豆，用木制饭勺一边搅拌一边煮，避免粘住锅底。

4　**放入汤圆并调味**
　　在3中放入汤圆，熟了之后用盐简单调味。装碗后和蜂蜜一起摆盘。

可依个人口味放入糖。煮到红豆碎掉再加入砂糖，就会变成甜的红豆粥了。
如果要煮大量的汤圆，可先将汤圆烫熟再放入。

消除浮肿，预防便秘

红豆 利尿效果卓越。能帮助排出体内的多余水分。富含膳食纤维与皂素，有益于肠道机能，能缓解便秘。富含钾，能消除因为盐分造成的浮肿。

※ 皂素有活化细胞、净血、抗衰老等功效。

冬瓜糯米粥

采用利尿效果绝佳的冬瓜与鸡胸肉一起煮成的糯米粥。能增加饱足感而且热量低，可以无负担享用的清爽美味。

材料

浸泡过的糯米 1 杯、水 7 杯、冬瓜 200 克、鸡胸肉 1 片（150 克）、木耳 1／2 杯、味噌 1 大匙、盐少许

1 **处理冬瓜与木耳**
   冬瓜去皮，切成薄片，木耳泡水后切成细丝。

2 **煮鸡胸肉**
   在厚锅中放入鸡胸肉，加水煮滚。捞出鸡胸肉，让它冷却。

3 **撕鸡胸肉**
   将鸡胸肉撕成细丝。

4 **煮粥**
   在鸡肉高汤中加入味噌与泡好的糯米、冬瓜、鸡胸肉与木耳，一起煮。

5 **调味**
   粥煮熟后用盐简单调味，装碗。

把剩下的冬瓜切好冷冻起来能保存很久，用冬瓜做泡菜或煎饼相当美味。

 有益心脏机能，消除浮肿

冬瓜 冬瓜味甜、性质寒凉，具有很好的利尿效果，能帮助排尿，还有消除浮肿的效果。像萝卜一样能运用在味噌汤、生菜沙拉以及炖煮海鲜料理等多种不同的料理中。

田螺荠菜粥

用富有嚼劲的田螺肉和清香的荠菜煮成的营养满分粥品，加入辣椒酱能大大提升粥的美味。

材料

浸泡过的米 1 杯、水 7 杯、田螺肉 1 杯、荠菜 100 克、辣椒酱 1 又 1/2 大匙、盐少许、食醋少许

用小海螺、蚬、蛤蜊取代田螺也不错。

1 **清洗田螺**
在水中加入食醋，洗净田螺后捞出。

2 **处理荠菜**
用流水洗净荠菜，切成 3~4 厘米长。

3 **煮粥**
在锅中加入浸泡好的米和水，用大火煮。

4 **加入辣椒酱并放入田螺**
米几乎全熟时，改小火后，放入辣椒酱和田螺肉煮。

5 **放入荠菜**
粥熟后，放入荠菜，再用盐调味后装碗。

 能帮助胶原蛋白合成，消除肠内毒素

田螺 性质寒凉，对体内燥热的人很好。具有利尿效果，能消除浮肿，还有改善皱纹的效果，能帮助胶原蛋白的合成。

荠菜 有很好的止血效果，对于月经量多的女性或是产妇有益。能帮助消除肠道内的大肠菌和毒素，具有舒缓肠道和缓解便秘的功效。

玉米粥

一颗一颗的玉米粒让粥的口感更丰富，香气四溢，口感温润。能助消化且对皮肤很好，是一道有消除浮肿效果的美容粥。

材料
浸泡过的米 1 杯、水 7 杯、玉米粒罐头 1 杯、盐少许

1 **搅碎玉米粒**
   将 1／2 杯的玉米粒绞碎后，过滤杂质。

2 **煮粥**
   在锅中放入玉米粒和米，加水用中火煮。

3 **放入玉米糊**
   粥熟后放入刚刚过滤好的玉米糊，用木制饭勺一边搅拌一边煮。

4 **调味**
   用盐简单调味后装碗。

可在玉米粥中加入牛奶一起煮，不仅风味绝佳还能保留完整的营养。

 保护牙齿，防止老化

玉米 富含维生素 E，具有保养肌肤和防止老化的功效。常用作牙周治疗时使用的药膳，对于预防蛀牙和牙周健康相当有益。富含丰富的膳食纤维，能促进肠道运动，具有改善便秘的效果。

艾草黄豆粉粥

加入了艾草和黄豆粉的糯米粥香喷喷。
有益五脏，可补充体力，促进血液循
环，让你拥有好气色。

材料
浸泡好的糯米 1 杯、水 7 杯、艾草 20 克、黄
豆粉 2 大匙、盐少许

1　**处理艾草**
　　艾草整理好后在流水中洗净，切成好入口的大小。

2　**煮粥**
　　在锅中放入浸泡过的米，用大火煮，并用木制饭勺同时搅拌。

3　**放入艾草和黄豆粉**
　　米大部分熟了之后，改小火，放入刚刚处理好的艾草与黄豆粉，再用
　　饭勺一边搅拌一边煮。

4　**调味**
　　粥熟后，用盐简单调味后装碗。

> 艾草处理费时，因此可
> 以处理好后放在冷冻
> 库，方便需要时取用。
> 非艾草产季时使用艾
> 草粉也可以。

药食同源　温暖身体，消除宿便

艾草 具有香气且性质温暖，能帮助血液循环，使血液清澈，止血效果相
当优异。

豆类 富含膳食纤维，对于消除便秘有效。能帮助消除宿便，有益肠道健
康。富含维生素，能防止老化，还兼具皮肤美容的功效。大豆中的大豆
异黄酮具有抗癌效果。

竹笋粥

加入了富含膳食纤维与维生素的竹笋，和有解热功效的栀子所煮成的粥。竹笋清脆的口感与栀子的美味相互融合，堪称一绝。

材料

浸泡过的米 1 杯、水 6 又 1 / 2 杯、竹笋 200 克、碎牛肉 50 克、胡萝卜 20 克、香油少许、盐少许

调味酱 酱油 1 大匙、葱花 1 / 2 大匙、蒜末 1 / 3 小匙、芝麻、香油各 1 小匙

栀子水 栀子 1 个、水 1 / 2 杯

1 **熬栀子水**
栀子加入 1 / 2 杯微温的水中，一直到呈黄色后，捞出栀子。

2 **准备食材**
竹笋切成细丝，在热水中余烫。胡萝卜切成细丝。

3 **爆炒牛肉与竹笋**
在锅中放入香油，加入牛肉、竹笋与调味酱一起拌炒后，加入水煮。

4 **煮粥后，加入栀子水与胡萝卜**
3 煮滚后，放入米煮粥，粥熟后待冷却，再加入栀子水与胡萝卜。

5 **调味**
用盐简单调味后装碗。

春天是竹笋的产季，直接煮过后蘸辣椒酱或煮竹笋饭都很不错。

帮助减肥，消除斑点

竹笋 性质偏凉，能降身体的热。富含膳食纤维，能促进胃的消化，有助于防止便秘。丰富的钾能帮助排出身体多余的盐分，有预防高血压和减肥的功效。

栀子 能提升免疫力，预防感冒，改善失眠。对于帮助消除斑点也非常有效。

菠菜鸡蛋粥

用香油拌炒过米后，熬出的粥香喷喷的。放入菠菜，最后再把蛋黄打在粥上，是非常容易制作的营养美容粥。

材料
浸泡过的米 1 杯、水 8 杯、菠菜 100 克、鸡蛋 1 个、酱油少许、香油少许、盐少许

1 **处理菠菜**
   菠菜洗净，在沸水中稍微汆烫后，沥干，切好备用。

2 **煮粥**
   在厚锅中放入香油，将泡过的米放入拌炒后，再加入水煮粥，边煮边用木勺搅拌。

3 **放入菠菜与蛋白**
   粥熟后，将烫好的菠菜与蛋白放入，一边搅拌一边煮粥。

4 **调味并放上蛋黄**
   用盐简单调味后装碗，将蛋黄装饰其上。

夏天时，菠菜汆烫一次即可使用，冬天时菠菜的红色根部也可放入一起煮粥。

药食同源 🔍 **让皮肤明亮且水润动人**

菠菜 味甜且性质温和，是适合所有人的蔬菜，富含维生素与矿物质，对女性贫血有益，而且丰富的膳食纤维有助预防便秘。

鸡蛋 是营养丰富的食品。蛋黄含有不饱和脂肪酸，而蛋白中丰富的蛋白质能强健身体，让皮肤水润动人。

黄豆芽鱿鱼粥

在小鱼干高汤中放入黄豆芽和鱿鱼所煮出的鲜美粥品。能帮助舒缓感冒和宿醉的情形。

材料
浸泡过的米1杯、小鱼干高汤7杯、黄豆芽200克、鱿鱼1／4只、虾粉1／2小匙、葱花1大匙、蒜末1／2小匙
蘸酱 酱油1大匙、葱花1／2大匙、蒜末1／3小匙、辣椒粉1／2小匙、芝麻、香油各1小匙

1 **处理鱿鱼**
   鱿鱼取出内脏，洗净后切成细条状。

2 **煮粥**
   在厚锅中放入黄豆芽，加入泡好的米、鱿鱼与小鱼干高汤。

3 **调味**
   米熟了后加入虾粉、葱花与蒜末，煮滚。

4 **装盘**
   粥熟后装碗，与蘸酱一起摆盘。

 排除废弃物，帮助脂肪分解

黄豆芽 富含一般豆类缺乏的维生素 C，具有预防感冒和美容的功效。此外，黄豆芽还能帮助排出体内的废弃物。富含膳食纤维，能改善便秘。黄豆芽中的维生素 B_2 能促进脂肪代谢，有益减肥。

芹菜粥

用芹菜梗煮成的爽口蔬菜粥有解热功效，富含膳食纤维，能帮助改善便秘。

材料

浸泡过的米 1 杯、水 7 杯、芹菜 100 克、青椒 1／2 个、碎牛肉 50 克、盐少许、土豆粉少许
牛肉蘸酱 酱油 1／2 大匙、葱花 1 小匙、蒜末 1／3 小匙、香油 1 小匙

1 **腌牛肉**
   牛肉绞肉放到蘸酱中腌一下。

2 **处理芹菜和青椒**
   芹菜放到滚水中余烫一下，切好，青椒切好。

3 **炒牛肉**
   在锅中放入香油，将腌好的牛肉炒一下，放入水煮滚。

4 **调味**
   用盐简单调味后，装碗，撒上一点土豆粉。

把芹菜叶全部摘除，只使用芹菜梗。

 排除身体的毒素，延缓老化

芹菜 独特的香气能丰富粥的味道。富含膳食纤维与维生素能帮助治疗便秘，去除身体的毒素，清洁血液。有抑制细胞的老化和防癌的效果。

沙参海鲜粥

略带苦涩的味道并具有香气的沙参不仅可以补充气力，而且对于皮肤有非常好的功效。因为具有类似人参的功效，对身体相当滋补。

材料

浸泡过的米 1 杯、水 7 杯、沙参 100 克、鲜蚵 50 克、虾肉 50 克、葱花 1 大匙、盐少许

1 **处理沙参**
  沙参去皮后洗净，用木棒轻轻拍碎成小块。

2 **清洗鲜蚵**
  鲜蚵在盐水中洗净后捞出。

3 **煮粥**
  在锅中放入米和水，用大火煮滚。

4 **放入沙参**
  米熟后，改小火，将沙参、虾肉、鲜蚵和葱花放入，用木制饭勺一边搅拌一边煮。

5 **调味**
  粥熟后，用盐简单调味后装碗。

沙参有些微苦味与黏性，要先在水中泡一下再使用，不过对于药膳料理而言，为了能保留有效成分，直接使用也可以。

 能帮助改善异位性皮肤炎

沙参 能帮助排出体内累积的毒素，改善异位性皮肤炎。富含膳食纤维能消除疲劳与压力，能促进乳汁分泌，因此对产妇有益。

莴苣粥

在新鲜爽口的莴苣粥中加入辣椒酱调味后做成的粥。能补充身体的水分，有解热效果，还能帮助消解压力。

材料

浸泡过的米1杯、水7杯、莴苣叶200克、青椒1／2个、虾肉50克、辣椒酱1／2大匙、盐少许

蘸酱 酱油1大匙、葱花1小匙、蒜末1／3小匙、芝麻少许、香油少许

1　**处理青椒、虾肉**
　　青椒切细，虾肉稍微余烫一下。

2　**煮粥**
　　在锅中放入米和水用大火煮粥。米粒熟了后改小火，加入辣椒酱，用木制饭勺一边搅拌一边煮。

3　**放入莴苣**
　　粥熟后，将莴苣叶用手撕成小片放入，再加入青椒和虾肉，再煮一会儿。

4　**调味**
　　用盐简单调味后装碗，和蘸酱一起摆盘。

> 因为莴苣叶很脆嫩，所以最后放入才能保留清脆口感和翠绿的颜色。

强健骨骼，改善失眠

莴苣 富含膳食纤维、水分、矿物质与维生素，能促进新陈代谢，对减肥与便秘有益。能消除疲劳与压力，改善失眠。丰富的维生素A能帮助钙质的吸收，对于更年期女性的骨质疏松预防有帮助。

冬寒菜虾仁粥

放入冬寒菜（又叫冬苋菜）和香菇煮成的调味粥，富含膳食纤维与维生素，能帮助预防便秘，让皮肤变好。

材料

浸泡过的米 1 杯、水 7 杯、冬寒菜 200 克、干虾仁 1 / 2 杯、辣椒酱 1 大匙、葱花 1 大匙、蒜末 1 / 2 小匙、盐少许

1　**磨碎干虾仁**
　　将 2 / 3 的干虾仁放到料理机中搅碎。

2　**处理冬寒菜**
　　去除冬寒菜的粗梗，在盐水中洗净，切段备用。

3　**熬高汤**
　　在锅中放入水，加入辣椒酱，放入干虾仁与刚刚绞好的干虾仁粉一起煮。

4　**煮粥**
　　在 3 中加入浸泡好的米与冬寒菜、葱花与蒜末再煮一会儿。

5　**调味**
　　用盐简单调味后，一边搅拌一边煮到米烂了为止。

 减缓便秘，预防骨质疏松症

冬寒菜 是一种含有非常多维生素的蔬菜，兼具美味与营养价值。

虾子 蛋白质含量高达 60%，含有丰富的甲壳素，能预防骨质疏松，对中年女性有益。

莲藕粥

在荷叶茶中加入莲藕和米熬成的粥品。莲藕富含维生素 C 与铁质，能促进血液循环，使皮肤水润动人。

材料

浸泡过的米 1 杯、水 7 杯、莲藕 100 克、盐少许

荷叶茶 干荷叶（切好的）1 / 2 杯、水 1 / 2 杯

1 **煮荷叶茶**
  将荷叶与 1 / 2 杯的水一起煮，煮成浓浓的荷叶茶。

2 **处理莲藕**
  莲藕去除外皮后切成薄片。

3 **煮粥**
  在锅中放入泡好的米，加入水和莲藕，用大火煮。

4 **放入荷叶茶并调味**
  米熟了后改小火，加入荷叶茶与盐，再稍微煮一下即可装碗。

> 荷从莲藕（根）、荷叶、荷花一直到莲蓬都能吃。

 让皮肤变干净，改善便秘

莲藕 富含维生素与膳食纤维，对减肥与缓解便秘有益。其所含的维生素 C 和单宁成分能使皮肤变清透，因为对血液循环很好，还能帮助皮肤的新陈代谢。

荷叶 非常适合放入鱼类或肉类食物中，能消除异味。含有维生素 C 与荷叶碱，能帮助皮肤变干净并改善便秘。

枸杞蛤蛎粥

在泡枸杞的水中加入蛤蛎后熬成的粥，能使皮肤变干净，还能消除疲劳，增加身体的活力。

材料

浸泡过的米1杯、水7杯、枸杞子1／2杯、蛤蛎肉1／2杯、酱油1／2大匙、葱花1大匙、蒜末1／2小匙、香油少许、盐少许

1 **泡枸杞茶**
  将枸杞子放在温水中泡。

2 **煮高汤**
  在锅中加入香油，放入蛤蛎肉、葱花、蒜末与酱油拌炒，再加入水煮。

3 **煮粥**
  水煮滚后将浸泡好的米与枸杞茶一起放入。

4 **调味**
  粥熟后，用盐简单调味后装碗。

> 枸杞子的味道很好，在日常生活中可以用在年糕、饭、粥、茶和酒等多种食品中。

药食同源 **帮助清除自由基，常葆青春活力**

枸杞子 能促进血液循环，让肌肤健康美丽。由于能清除诱使肌肤老化的自由基，因此可以让肌肤焕发年轻健康的光彩。含有能防止细菌繁殖的成分，对于面疱的治疗有效。

黑豆核桃粥

将黑豆与核桃搅碎后与米一起煮成粥，含有对身体有益的脂肪与维生素，能帮助血液循环，让你拥有恋爱中的好气色。

材料

浸泡过的米 1 杯、水 10 杯、黑豆 1 / 2 杯、核桃 1 / 2 杯、盐少许

核桃外的薄膜有涩味，因此最好先用水泡一下，去掉薄膜后再使用比较好。烤或是炸也能消除涩味。用黑豆豆浆取代黑豆也可以。

1 **处理黑豆与核桃**
   黑豆洗净后泡水 2 个小时，核桃在锅中稍微烤一下。

2 **研磨黑豆与核桃**
   将泡过的黑豆与核桃放到料理机中搅碎。

3 **煮粥**
   在锅中放入米和水，煮粥。

4 **放入黑豆与核桃糊**
   米熟了后，放入刚搅碎的黑豆核桃糊，一边搅拌一边慢慢煮。

5 **调味**
   粥熟后，用盐简单调味后装碗。

 **帮助排出废弃物，预防脱发**

黑豆 含有对皮肤非常好的类似胶原蛋白的成分，能预防皮肤老化，并且对治疗脱发有效。

核桃 可以帮助排出积累在体内的废弃物，是一种可以补充元气的健康食品。含有优质的不饱和脂肪酸、多种矿物质和维生素 B，营养丰富，可以改善换季时产生的皮肤问题。

何首乌牛肉粥

自古以来，何首乌就以对头发有益而闻名。

材料
浸泡过的米 1 杯、水 7 杯、何首乌 25 克、牛肉 100 克、土豆 1 个

牛肉腌料 酱油 1 / 2 大匙、葱花 1 小匙、蒜末 1 / 3 小匙、芝麻 1 / 3 小匙、香油 1 / 2 小匙

> 何首乌的特性是香气和味道都不重，做成酒、茶或粉来吃都很不错。

1 **煮何首乌与牛肉**
   在锅中放入何首乌和牛肉，加水煮 10 分钟左右，捞出。

2 **准备牛肉与土豆**
   将煮的牛肉捞出后，用酱料腌一下。土豆去皮后切成小块。

3 **煮粥**
   在锅中放入米和土豆，加入 2 的何首乌牛肉汤一起煮。

4 **放入牛肉**
   粥熟后放入腌好的牛肉再稍微煮一下，装碗，然后和酱油一起摆盘。

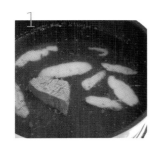

 能温暖身体，防止白头发

何首乌 功效恰如其名，对头发有非常好的养护作用，能防止脱发和少年白发。性质温和，能改善子宫出血、月经异常，是一种对女性非常好的中药材。

牛肉 有益脾胃的健康，能强健骨骼。牛肉中的蛋白质富含人体必需的氨基酸。

绿豆粥

用绿豆煮成的健康粥品。绿豆有解热效果，能帮助排出废弃物，可以使皮肤光滑动人。

材料
浸泡过的米 1 杯、水 10 杯、绿豆 1 杯、盐少许

1 **绿豆煮熟并捞出**
   将绿豆洗净，放在锅中加水一起煮。绿豆熟后立刻捞出。

2 **煮粥**
   在锅中放入米与水一起煮。

3 **放入绿豆**
   粥煮滚后，放入绿豆，并用木制饭勺一边搅拌一边煮。

4 **调味**
   粥熟后，用盐简单调味并装碗。

使用未经剥皮的整颗绿豆，粥的颜色会更漂亮。

 维持皮肤健康，提高免疫力

绿豆 是对身体和皮肤非常好的食品。不仅做成面膜相当受欢迎，而且作为食物也具有非常好的健康效果。具有卓越的消炎作用，能改善面疱和发炎的情况，有补充体力和增强免疫力的作用。

五味子稀粥

五味子稀粥颜色鲜明、滋味香甜，是在五味子茶中加入绿豆粉煮成。因为几乎为流质，所以食用起来非常方便。

材料
绿豆粉1／2杯、水5杯、糖1／3杯、蜂蜜少许、盐少许
五味子茶 五味子1／2杯、水1杯

1 **泡五味子茶**
  五味子在冷水中清洗后，加入1杯水泡1个晚上左右再捞出。
2 **煮绿豆粉**
  在锅中放入绿豆粉和5杯水，用小火慢慢煮，同时用木制饭勺搅动，避免结块。
3 **放入五味子茶并调味**
  稀粥熟了后，加入五味子水、蜂蜜、糖和盐，均匀搅拌后装碗。

用谷物粉加水一起熬煮成的稀粥也可称作米浆。
五味子如果煮太久会出现中药味，要特别小心。

1

 提高新陈代谢，保护支气管

五味子 恰如其名，它是一种能产生五种味道的果实。其中，产生酸味的有机酸能调节体内菌群的平衡，增强新陈代谢。还能让皮肤充满弹性，具有保护支气管的功能。

薏苡仁香菇粥

美味的薏苡仁与香菇一起煮成的粥，薏苡仁具有健胃功能，而且还有减少体脂肪的功效，因此对减肥相当有益。

材料

浸泡过的薏苡仁1／2杯、水7杯、干香菇5朵、香油少许、盐少许

香菇腌料 酱油1／2小匙、芝麻少许、香油少许

1 **研磨薏苡仁**
  薏苡仁充分地泡水后，在研磨机中加入1杯水磨碎。

2 **腌香菇**
  香菇泡水洗净后，沥干水分后，切成小片与腌料一起均匀混合。

3 **炒香菇**
  在锅中放入香油，拌炒腌过的香菇后，加水煮滚。

4 **煮粥**
  水滚后加入薏苡仁糊，开小火，一边搅拌一边煮。

5 **调味**
  粥煮熟后，用盐简单调味后装碗。

> 干的香菇味道比鲜的香菇还要香，且营养价值高。

 拥有好气色，消除浮肿

薏苡仁 富含铁、钾、烟碱酸与维生素 B_1，对新陈代谢有益。能提升气色，淡化斑点，利尿效果佳，还能帮助消除浮肿。

香菇 含有丰富的蛋白质，且热量极低，含有能降低胆固醇的乌苷酸，对高血压和心脏病患者而言也是非常好的食品。

玉竹粥

在玉竹茶中加入黑豆和魔芋熬成的美味
又营养的粥，不仅热量低，而且富含膳
食纤维，是减肥时期的最佳粥品选择。

材料

浸泡过的米 1 杯、黑豆 1 / 2 杯、魔芋 100 克、
番茄 1 个、盐少许

玉竹茶 玉竹 20 克、水 8 杯

1　**处理食材**
　　黑豆加水放入研磨机中研磨成糊状。魔芋放在滤勺中，在滚水中氽烫
　　一下。

2　**煮玉竹茶**
　　在锅中放入玉竹和水，用小火煮 15 分钟左右，捞出药材。

3　**煮粥**
　　在锅中放入米和过滤好的黑豆与玉竹茶，一边搅拌一边用大火煮。

4　**放入魔芋和番茄并调味**
　　粥熟后放入魔芋和番茄，用盐简单调味后，再稍微煮一下即可。

黑豆要磨细放入，或
用市售的黑豆浆取代
也可以。

药食同源 🔍 **具有让皮肤美丽的功效**

玉竹 能促进血液循环，让皮肤变亮，而且还有改善便秘的效果，因此有
益于减肥。还能消除雀斑、黑斑与老人斑，让皮肤变得光滑。是一种以
护肤美容功效闻名的中药材。

综合粥

加入了对身体血液循环很好的山楂与贻贝熬成的糯米粥，色泽诱人的糯米粥加上高蛋白低热量的贻贝，经常食用能让皮肤变得光滑动人。

材料

浸泡过的糯米 1 杯、贻贝 20 个、苜蓿芽 1 杯、芝麻叶 2 片、盐少许

山楂茶 山楂 1／2 杯、水 7 杯

1 **熬山楂茶**
   山楂洗净后放在锅中，加入水用小火煮 20 分钟后，捞出。

2 **煮贻贝**
   贻贝用盐水洗净后，放入山楂水中煮滚。水滚后捞出贻贝。

3 **煮粥**
   在山楂贻贝高汤中放入糯米煮。

4 **放入苜蓿芽与贻贝**
   粥熟后，放入苜蓿芽与贻贝，煮滚。

5 **放入芝麻叶并调味**
   粥滚后，将芝麻叶切好放入，用盐简单调味后装碗。

> 山楂是指山楂树的果实。带些微酸味，直接煮来喝也很好，也非常适合加入海鲜料理中，能去除腥味。

 补充雌性激素，排出钠

山楂 主要被用作心脏病的治疗药材，有强健心脏和减少甘油三酯的效果。能增加雌性激素，对更年期妇女有益。

贻贝 富含钾质，能帮助排出体内多余的钠。还能消除引起老化的自由基，有保持青春的功效。

葫芦小章鱼粥

是用葫芦章鱼汤所做成的粥，富含膳食
纤维，脂肪含量低，非常适合作为减肥
时期的餐饮。

材料

浸泡过的米1杯、水7杯、小章鱼4只、葫芦
200克、芹菜30克，盐少许

蘸酱 酱油1大匙、葱花1/2大匙、蒜末1/3
小匙、小辣椒末1/2小匙、香油1小匙

> 如果是新鲜的小章鱼，
> 不取出墨囊也可以。

1　**处理葫芦**
　　葫芦对半切，削皮，将果肉切成薄片。

2　**处理小章鱼和芹菜**
　　在冷水中加入盐，将小章鱼中洗净后，仔细地去除内脏和墨囊。芹菜摘除叶子，切成小段。

3　**煮粥**
　　在锅中放入香油，将泡好的米、葫芦与水倒入，用大火煮。

4　**放入小章鱼**
　　米熟了后放入小章鱼一起煮。

5　**放入芹菜并调味**
　　粥熟后改小火，放入芹菜均匀搅拌。用盐简单调味后装碗，与蘸酱一起摆盘。

 营养丰富，减肥效果好

葫芦 是富含膳食纤维且脂肪含量低的优质减肥食品。能增加对
肠道有益的比菲德氏菌，预防便秘。钙质含量比牛奶多，对产
妇或儿童均有益。

小章鱼 热量低且富含必需脂肪酸，是非常好的减肥食品。含有牛磺酸，
能增强肝脏功能，降低胆固醇，而且还能消除肌肉疲劳。

茯苓豆腐粥

茯苓豆腐粥不仅能消除浮肿，而且还能使皮肤焕发光泽，是非常适合产妇饮用的粥品。用豆腐和蛋黄做成蒸茯苓豆腐也不错。

材料
浸泡过的米 1 杯、水 7 杯、茯苓粉 1 大匙、豆腐 100 克、垂尾草 20 克、虾粉 1 / 2 小匙、酱油 1 小匙、香油 1 小匙

1 **拌炒米**
  在锅中放入香油，稍微拌炒一下米，加水用大火煮滚。

2 **放入豆腐与茯苓粉**
  在 1 中放入切成小块的豆腐和茯苓粉，用木制饭勺慢慢搅拌。

3 **放入垂尾草并调味**
  粥熟后放入垂尾草、虾粉、酱油，再稍微煮一下后，装碗。

茯苓是生长在松树根部的一种菌丝体，味道相当爽口。常用在年糕、饭和饮料中，这种药材不会改变食物的味道。

(药食同源) **让皮肤变干净，身材窈窕**

茯苓 能改善产后的疼痛，消除浮肿，是非常好的产后调理药材。还能安定神经，舒缓压力，并具有淡化斑点等美肤效果。

豆腐 又称为不会胖的起司，是高蛋白食品。大豆皂甙能防止脂肪吸收，还能促进脂肪分解。大豆中的必需脂肪酸能防止体重反弹，有助于维持窈窕的身材。

第三章

考试满分！
聪明头脑美味粥

如果想让头脑变聪明，

可以在煮粥时加入坚果、洋葱、大豆与牛奶等食材。

不仅能增添美味，还能让大脑变灵活。

头脑清晰后，精神就会变得安定。

能提高小孩的注意力，有预防老年痴呆的效果。

非常适合全家人一起食用。

鲑鱼粥

放入煎得香气四溢的鲑鱼煮成的营养满分粥。鲑鱼富含 DHA 与 EPA，对小孩健康成长非常有益。加上特制的汤头后风味绝佳。

材料

浸泡过的米 1 杯、小鱼干高汤 7 杯、鲑鱼 200 克、菠菜 30 克、山蒜 20 克、盐少许、食用油少许

山蒜蘸酱 酱油 1 大匙、山蒜 50 克、葱花 1 / 2 大匙、蒜末 1 / 3 小匙、辣椒粉 1 / 2 小匙，紫苏盐、香油各约 1 小匙

1 **煎鲑鱼**
   鲑鱼稍微撒上盐，腌约 10 分钟，在锅中放入食用油，正反面都要煎熟。

2 **煮粥**
   在锅中放入泡过的米，倒入小鱼干高汤，用大火煮。

3 **放入菠菜、鲑鱼并调味**
   米熟了后，转小火，放入菠菜、鲑鱼肉与山蒜，并用盐调味。

4 **制作山蒜蘸酱**
   将山蒜切细，放入酱油并与剩下的材料混合。

5 **装碗**
   粥煮熟了后，与山蒜蘸酱一起装碗。

 富含 DHA 与 EPA

鲑鱼 富含对大脑很好的 DHA 与 EPA，以及有益生长发育的维生素 B_1、维生素 B_2 和烟碱酸，对青少年非常好。高含量的核酸能增强免疫力，让身体强壮健康。

马尾藻荞麦粥

将马尾藻放入荞麦疙瘩中所熬成的营养粥，能降体热，安定心神且能改善便秘。

材料

浸泡过的米 1 杯、水 7 杯、马尾藻 1 / 2 杯、猪肉（瘦肉）100 克、胡萝卜 20 克、盐少许

荞麦疙瘩 荞麦粉 1 / 2 杯、水 1 / 4 杯

猪肉酱 酱油 1 大匙、葱花 1 / 2 大匙、蒜末 1 / 3 大匙、紫苏盐、香油各约 1 小匙

> 荞麦粉富含酶，因此容易变味。一定要放在冰箱里冷藏保管。

1 **切食材**
  猪肉切成细丝；马尾藻切成适当大小；胡萝卜切成末。

2 **拌炒猪肉**
  猪肉丝用猪肉酱腌过，放在锅中拌炒。

3 **煮粥**
  在 2 中倒入泡过的米，一边搅拌一边用大火煮。

4 **放入荞麦疙瘩**
  将荞麦粉与 1 / 4 杯的水混合，捏成疙瘩后，稍微蘸一下水，压扁一点后，放入煮好的粥中。

5 **放入马尾藻与胡萝卜并调味**
  粥熟后，放入马尾藻与胡萝卜，用盐简单调味后装碗。

 安定心神，消除积食

马尾藻 能安定心神、降火，非常适合青少年食用。适合搭配猪肉一起入菜，可以降低身体对脂肪的吸收率。

荞麦 据《东医宝鉴》记载，荞麦能将身体里的积食消除，具有绝佳的消化力。能帮助血液循环，帮助排出体内的废弃物。

银鱼粥

放入了整条银鱼，是富含钙质与蛋白质的营养粥品，讨厌吃鱼的孩子也能吃得津津有味。

材料

浸泡过的米 1 杯、水 7 杯、银鱼 20 条、芹菜 100 克、清酒 2 大匙、紫苏粉、辣椒酱、葱花各 1 大匙、蒜末 1 又 1 / 3 大匙、香油 1 小匙、盐少许

面疙瘩 面粉 1 / 2 杯、水 1 / 4 杯

新鲜的银鱼最好整条一起料理。也可以用鲫鱼代替。
放入清酒、葱、蒜与辣椒酱后，能去除海鲜的腥味。

1　**煮熟银鱼并搅碎**
在锅中放入银鱼、清酒和蒜末（1 大匙），倒入 7 杯水直接煮滚。

等凉了后，放入搅拌机中搅碎。

2　**煮粥**
在锅中放入银鱼汤汁和泡过的米，加入辣椒酱，一边搅拌一边煮。

3　**放入面疙瘩并调味**
在面粉中加入 1 / 4 杯的水，混合后捏成面疙瘩，放入煮滚的锅中。

接着放入葱花、蒜末、香油，再煮一会儿。

4　**调味并摆盘**
放入芹菜与调味紫苏粉，用盐简单调味后装碗。

 保护肝脏，强健骨骼

银鱼 含有丰富的必需脂肪酸、蛋白质、钙质与铁等，能帮助增强肝脏功能，保护视力。因为丰富的钙质是骨骼生长所必需的营养元素，所以非常适合青少年食用。而且也能帮助更年期女性预防骨质疏松症。

核桃豌豆米浆

加入了有益大脑的核桃与有助消化的豌豆一起煮成的米浆，添加了蜂蜜，让粥的口感更加香甜。

材料

浸泡过的米1杯、水12杯、核桃1杯、煮熟的豌豆1／2杯、蜂蜜少许、盐少许、食用油适量

> 核桃炸过后就能去掉外皮的涩味。或者泡水后将有涩味的外皮剥去也可以。

1　磨米
　　将浸泡过的米放入搅拌机中，加入2杯水，搅碎，过滤取出。

2　搅碎豌豆
　　将煮熟的豌豆放入搅碎机中，加入1杯水，搅碎后备用。

3　核桃炸过后搅碎
　　在小平底锅中倒入足够的食用油，将核桃炸得酥脆。最后将炸过的核桃放入搅拌机中，加入2杯水一起搅碎。

4　煮粥
　　将刚刚做好的米浆放入锅中，加入7杯水，不停地搅拌，用中火煮到透明为止。

5　放入豌豆浆与核桃浆
　　改小火，将豌豆浆与核桃浆倒入，注意不要结块，要慢慢搅拌。

6　调味
　　米全部熟后，用盐简单调味后，稍微再煮一下，装碗，与蜂蜜一起摆盘。

  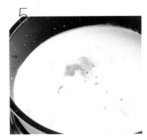

 让大脑清晰，预防痴呆

核桃 对大脑好，能帮助恢复体力。增强大肠与肾脏的功能，调理肝脏，有助于考生消除疲劳、安定心神。

豌豆 含有对大脑有益的卵磷脂，能保持大脑的健康，而且预防痴呆的效果很好。有降低血压且延缓葡萄糖吸收的功效。

鲜蚵粥

蚵又称为"海中的牛奶"，因此鲜蚵粥的营养价值极高，是一道能安定神经且提高记忆力的营养粥品。

材料

浸泡过的米1杯、水7杯、鲜蚵1／2杯、芹菜1株、香油少许、盐少许

蘸酱 酱油1大匙、葱花1／2大匙、蒜末1／3小匙、辣椒粉1／2小匙、紫苏盐、香油各1小匙

1 **清洗鲜蚵**
   用盐水清洗鲜蚵，之后用滤网滤干。

2 **炒鲜蚵**
   在锅中放入香油，拌炒鲜蚵。

3 **煮粥**
   在2中放入泡好的米和水，一边搅拌，一边用大火煮。

4 **调味**
   米熟了后，将芹菜切末放入，用盐简单调味再稍微煮一下。

5 **制作蘸酱并摆盘**
   粥熟透后，装碗，并且和蘸酱一起摆盘。

在冬天享用天然的鲜蚵，味道最鲜美。夏天可以选用冷冻的或养殖的。

 提升记忆力、安神

海苔 富含蛋白质、钙、钾、矿物质和膳食纤维，是非常卓越的营养食品。因为含有大量的维生素 B_{12}，能促进头脑发育，所以非常适合青少年食用。

蚵 富含18种氨基酸、DHA、EPA等，能提高记忆力，增强大脑的活力。同时还富含多种矿物质，对青少年非常好。

牛肉蔬菜粥

加入牛肉和蔬菜的养生粥应该是大家非常熟悉的吧，因为食材富含维生素和蛋白质，所以能帮助消除疲劳。

材料

浸泡过的米1杯、水7杯、牛绞肉100克、蔬菜（菠菜、南瓜、胡萝卜、洋葱、蘑菇）200克、酱油1／2大匙、葱花1小匙、蒜末1／3小匙、紫苏盐1／3小匙、香油1／2小匙、盐少许

在粥中加入肉类时，要先将肉类腌过，再炒过，然后依次放入水、米与蔬菜。

1　**切蔬菜**
　　将准备好的蔬菜切成容易入口的大小。

2　**炒牛肉**
　　在锅内放入香油，把切好的牛肉放入锅中，加入酱油、葱花与蒜末拌炒。

3　**煮粥**
　　在2中放入泡好的米和水开始煮。

4　**放入蔬菜并调味**
　　米粒都熟了之后，将切好的蔬菜放入，加紫苏盐再稍微煮一下即可装碗。

 富含必需氨基酸

牛肉 能补充血气，提供肌肉和骨骼必需的养分，强健身体。牛肉的蛋白质富含成长必需的氨基酸。

洋葱 富含钙质、铁质与维生素，对考生非常有帮助。有健胃和降低胆固醇的功效，对高血压、糖尿病患者有益。

西蓝花鸡蛋粥

用切得细碎的红椒、炒过的西蓝花和鸡蛋来煮粥，煮出的粥色彩美观。富含蛋白质、维生素以及矿物质。

材料

浸泡过的米 1 杯、水 7 杯、西蓝花 150 克、青椒（小的）1 / 2 个、水煮蛋 1 个、盐少许

蘸酱 酱油 1 大匙、葱花 1 / 2 大匙、蒜末 1 / 3 小匙、辣椒粉 1 / 2 小匙、芝麻、香油各约 1 小匙

1　**余烫西蓝花**
　　将西蓝花切成小朵后，放入锅中加入水和一点盐，余烫捞出。

2　**煮粥**
　　在锅中放入米，倒入水，用大火煮。

3　**放入西蓝花和青椒**
　　待米半熟后，改小火煮，再将余烫过的西蓝花和切好的青椒放入一起煮。

4　**调味与摆盘**
　　粥煮熟后，简单调味，装碗，并将水煮蛋弄碎点缀在粥上，与蘸酱一起摆盘。

1

 提高免疫力，增强学习能力

西蓝花 富含钙质与维生素，对成长时期的青少年有益。维生素 C 是柠檬的 2 倍，并富含维生素 A 和维生素 B，能提高免疫力。

鸡蛋 能生成与记忆力、学习能力有关的脑神经传达物质，提高注意力，改善学习能力。蛋黄有预防痴呆的功效。

香菇芝麻粥

富有嚼劲且爽口的香菇和香气逼人的芝麻一起煮成的粥。有消除疲劳和增加大脑活力的作用。

材料

浸泡过的米 1 杯、水 7 杯、香菇（木耳、干香菇、金针菇、蘑菇与鸿禧菇）100 克、芝麻 2 大匙、香油 1 大匙、盐少许

1 **煮粥**
   在锅中放入香油，接着再将泡过的米和水放入，用大火煮。

2 **处理香菇**
   木耳和干香菇用水浸泡，与其他的菇类洗过后沥干，切成细细的。

3 **放入菇类和芝麻粉**
   粥熟了后改小火，放入菇类和芝麻，边煮边均匀搅拌。

4 **调味**
   简单调味后装碗。

一般市售的芝麻粉即可，如果想让粥的口感温润，应该将芝麻先过一下水，去除不要的壳。

 帮助大脑发达，预防痴呆

香菇 具有让头脑清晰的功效，对常用脑的青少年非常好。对罹患高血压与糖尿病的现代人非常有效。根据最近研究，香菇具有抗癌效果，因此广受大家喜爱。

芝麻 富含 OMEGA-3，能增加儿童与青少年的大脑活力，并且还有预防痴呆的效果。能降低胆固醇，预防血管老化，有防止动脉硬化的功效。

松子粥

将米和松子搅碎制成的粥，拥有温润的味道和香气。含有丰富的营养能补充体力，改善贫血。

材料

米1杯、水6杯半、松子1／2杯、蜂蜜少许、盐少许

1 **磨米**

  将泡过的米放入研磨机中，加入1杯水研磨。

2 **研磨松子**

  将松子加入1／2杯的水放入研磨机中磨碎。

3 **煮粥**

  在锅中放入1的米与5杯水，用小火煮，同时用饭勺搅拌。

4 **放入松子糊**

  粥成形后，将刚刚磨好的松子糊倒入，顺着同一个方向搅拌避免结块。

5 **调味**

  粥煮熟后，用盐简单调味，和蜂蜜一起摆盘。

松子富含丰富的不饱和脂肪酸，非常容易氧化。因此要密封贮藏，避免接触到空气。

 让血液变清澈，强健头脑

松子 富含丰富的油酸与亚油酸，能促进大脑发达。有强健肝、肺与大肠的作用，富含不饱和脂肪酸能使血液变清澈。

花生粥

将浸泡过的米与花生搅碎后煮成的花生粥，有益脑部的健康，能恢复元气。

材料

浸泡过的米1杯、水7杯、花生1杯、蜂蜜少许、盐少许

1 **搅碎花生与米**
   花生先剥去皮，放入研磨机研磨。浸泡过的米加入1杯水也放入研磨机研磨。

2 **煮粥**
   在锅中放入刚搅碎的米与6杯水，一边搅拌一边用大火煮。

3 **放入花生粉**
   粥熟了后改小火，将1中磨碎的花生糊倒入，均匀搅拌。

4 **调味**
   用盐简单调味后，再稍微煮一下后装碗，与蜂蜜一起摆盘。

花生要均匀搅碎，喝粥时就不会卡住喉咙。
使用生的花生时，要先泡水再去皮，去除涩味后再使用。

 保护支气管，恢复元气

花生 富含丰富的不饱和脂肪酸，能降低血液中的胆固醇值，强健大脑。还有帮助消化、强肺和化痰功效。含丰富的 B 族维生素和维生素 E，能增强元气。

绿茶粥

在绿茶中放入米煮成的清爽健康粥。能提神、明目、美肤，还有解渴和促消化的功效。

材料
浸泡过的米 1 杯、水 6 杯、盐少许
绿茶 绿茶叶 6 克、水 1 杯

1　**泡绿茶**
　　在绿茶叶中加入热水，泡 5 分钟左右，将茶叶滤出。

2　**煮粥**
　　在锅中放入浸泡过的米，加入 6 杯水，用大火熬煮。

3　**放入绿茶**
　　粥熟后改小火，倒入 1 中的绿茶，一边搅拌一边煮。

4　**调味**
　　用盐简单调味，再将 1 中的茶叶点缀在粥上。

泡过的绿茶叶非常适合放在饭、面与年糕中。

 赶走睡意，提振精神

绿茶 能清热，驱赶睡意，让头脑清醒，是一种对考生非常有益的食材。能使排尿顺畅，排出身体内的废弃物，还能让眼睛明亮，帮助消化。

甜南瓜粥

口感温润的甜南瓜粥有益消化，因为富含维生素，所以非常适合作为考生的营养餐。能帮助消除浮肿。

材料

糯米粉 1／2 杯、水 7 杯、甜南瓜 1 个、蜂蜜少许、盐少许

1 **蒸南瓜**
   南瓜切半，放入锅中蒸熟。

2 **挖出南瓜肉来煮粥**
   将南瓜肉挖出放在锅中，加入水后一边均匀搅拌一边煮。

3 **放入糯米粉**
   在 2 中放入糯米粉，均匀搅拌以免结块，至粥熟。

4 **调味**
   用盐简单调味后装碗，和蜂蜜一起摆盘。

如果用奶油或是牛奶来代替糯米，也可以熬成美味的南瓜浓汤。

 有助头脑发达，促进消化

南瓜 味甜而性温和，富含必需氨基酸能使头脑发达，而丰富的维生素 A 则能帮助消化与吸收，对于胃不好、身体瘦弱或是康复期的患者非常有帮助。以前是产妇产后用来消除水肿的食品，事实上，对于糖尿病或是肥胖患者也非常有益。

甜椒鸡肉粥

在营养丰富的鸡肉粥中加入了富含维生素的甜椒所煮成的粥。完整地保留了鸡肉的鲜美与甜椒的爽口口感。

材料

浸泡过的糯米 1 杯、水 7 杯、嫩鸡 1／2 只、甜椒 150 克、蒜头 5 颗、清酒 1 大匙、盐少许

1　**煮鸡肉高汤**
　　在锅中放入鸡、蒜头、清酒与水煮 20 分钟后捞出。去除汤的浮油，鸡肉去骨撕成鸡肉丝。

2　**切甜椒**
　　将甜椒切好。

3　**煮粥**
　　在 1 的鸡汤中放入糯米煮。米熟了放入鸡肉和甜椒一起煮。

4　**调味**
　　用盐简单调味后装碗。

需要一次熬很多鸡汤时，放入鸡腿能让汤汁更香浓。

 消除眼睛疲劳，安定神经

甜椒 几乎可以被称为维生素果的甜椒，富含的维生素不言而喻。具有预防疾病的效果，能消除眼睛的疲劳，对于常使用电脑的上班族而言堪称佳品。

鸡肉 富含必需氨基酸，能促进大脑健康，帮助消除疲劳，安定神经。

土豆粥

将松软的土豆放在小鱼干高汤中一起熬的美味粥品。富含丰富的碳水化合物、维生素、钙质与各种矿物质，营养满分。

材料

浸泡过的米 1 杯、土豆 1 个、洋葱 1 / 2 个、小葱 20 克、盐少许、酱油少许
小鱼干高汤 小鱼干 10 条、水 7 杯

土豆放在小鱼干高汤中煮烂后再放入米，煮出的粥更美味。

1　**熬小鱼干高汤**
　　去除小鱼干的头和内脏，稍炒一下后，加水一起煮 15 分钟。汤汁变浓后，捞出小鱼干。

2　**切蔬菜**
　　洋葱切细；土豆削皮后切片再切成小块；小葱切细。

3　**煮粥**
　　在锅中放入米、洋葱和土豆，倒入小鱼干高汤，一边搅拌一边煮。

4　**放入小葱并调味**
　　待粥熟后，将切好的小葱放入，用盐简单调味后，装碗，和酱油一起摆盘。

3

 消除压力，健胃

土豆 富含维生素 C 能帮助消除压力，还有丰富的钙质对于成长期的青少年很有帮助。土豆中的优良蛋白质还能帮助消化和健胃。

山药番茄粥

结合了万能营养补给品牛奶、山药与番
茄熬成的粥。有益健康的山药和番茄能
帮助强健血管，而且还能让头脑清晰。

材料

浸泡过的米 1 杯、水 5 杯、山药 200 克、番茄
1 个、枸杞菜少许、牛奶 2 杯、盐少许

1 **切山药、番茄**
山药剥皮后切细，番茄也切细。

2 **煮粥**
在锅中放入米和水，用大火一边搅拌一边煮。

3 **放入材料与调味**
粥熟了后，放入刚刚切好的山药、番茄，再加牛奶、盐调味后，稍微煮一下。

4 **放入枸杞菜**
最后再放入枸杞菜，略煮后装碗。

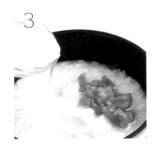

 提升学习能力与记忆力

山药 有提升记忆力与增强学习能力的效果。能让胃感觉舒适并帮助消化，
非常适合每天都要读书的学生。山药能帮助恢复元气。

番茄 富含与神经传达物质生成有关的矿物质，能提高大脑的机能。番茄
红素有保护大脑神经系统的功效。

红柿粥

色泽明亮动人的糯米粥。红柿又称为"维生素综合体"，丰富的维生素能帮助提升免疫力和消除疲劳。

材料
浸泡过的糯米 1 杯、水 7 杯、红柿 1 个、蜂蜜少许、盐少许

1 **挖出红柿肉**
红柿对半切开，用汤匙挖出果肉。

2 **煮粥**
在锅中放入泡好的糯米，加水煮粥，用饭勺一边搅拌一边煮。

3 **放入红柿与调味**
粥煮熟了后，放入红柿肉和盐后，稍微再煮一下。装碗后和蜂蜜一起摆盘。

如果想让红柿存放比较久，可以放在冰箱的冷冻层里。

（药食同源） **含丰富的维生素与矿物质**

红柿 富含维生素 C，对消除疲劳有帮助。富含儿茶素成分，有抗癌、抗氧化作用，能预防人体老化。

蜂蜜 富含维生素与矿物质，能帮助恢复元气与消除疲劳，让皮肤润泽。对于课业繁重而经常感到疲倦的青少年是非常好的营养补给品。

章鱼海带粥

在糯米粥中放入章鱼与海带，是充满海味的营养满分粥品。富含必需氨基酸，对青少年健康有益。

材料

浸泡好的糯米 1 杯、水 7 杯、浸泡过的海带丝 1／2 杯、香油少许、盐少许

蘸酱 酱油 1 大匙、葱花 1／2 大匙、蒜末 1／3 小匙、芝麻、香油各 1 小匙

1 **处理章鱼和海带**
   将章鱼放入滚水后稍微汆烫一下，切粗粗的；海带丝泡过水后切好。

2 **煮粥**
   在锅中放入香油，拌炒海带丝。

3 **放入章鱼**
   在 2 中加入水和糯米煮一下后，再放入章鱼一起煮至粥熟。

4 **调味**
   用盐简单调味后，和蘸酱一起装盘。

章鱼在放入料理中之前要稍微汆烫一下。

药食同源 **有助于脑部发育**

章鱼 富含 DHA 和 EPA，能提高免疫力与学习能力。富含牛磺酸能增强视网膜功能，对于课业繁重的考生和长时间坐在电脑前的上班族来说，有保护视力的功效。

海带 富含丰富的钙和碘，对生长发育中的青少年有益。能补脑、清洁血液，具有安定神经的效果。

松花粥

采用黄色的松花粉、营养满分的牛奶和能补气的水参煮出来的粥品，可以说是兼具营养与美味。

材料
浸泡过的米 1 杯、水 5 杯、松花粉 1 大匙、水参 10 克、牛奶 2 杯、蜂蜜少许、盐少许

1 **煮粥**
   在锅中放入米，加水后用大火煮至米半熟，加入切片水参。

2 **放入食材**
   粥熟了后，改小火，放入松黄粉搅拌后，用饭勺均匀搅拌。

3 **调味**
   放入牛奶，用少许盐调味后稍微煮一下，装碗，与蜂蜜一起摆盘。

松花是指松树的花粉。可在一般中药房购买。

 富含蛋白质、钙质、维生素及其他矿物质

松花粉 富含丰富的蛋白质、氨基酸、维生素和矿物质，对预防身体老化、糖尿病和老年痴呆有益。

牛奶 富含蛋白质、脂肪、维生素和矿物质等 100 多种营养元素，可以说是营养满分的食品。富含吸收率高的优质钙，对于成长期的青少年有益。对女性来说，还可以预防骨质疏松。

丝瓜蛤蛎粥

丝瓜和鲜美的蛤蛎一起熬成的美味粥品。有益大脑发育，可消除肝脏的疲劳。

材料
浸泡过的米1杯、水7杯、丝瓜1／2个、蛤蛎肉1杯、香油少许、盐少许、酱油少许
蛤蛎肉调味酱 酱油1大匙、葱花1／2大匙、蒜末1／3小匙、辣椒粉1／2小匙、芝麻各一小匙、香油各1小匙

1 **处理丝瓜与蛤蛎肉**
   丝瓜切细丝；蛤蛎肉放在盐水中洗净。

2 **炒蛤蛎肉**
   在锅中放入香油，加入蛤蛎肉与调味酱拌炒。

3 **煮粥**
   在2中放入泡过的米和水，用大火煮。

4 **放入丝瓜并调味**
   米熟了后，放入丝瓜并用盐简单调味再稍微煮一下。粥熟后装碗，和酱油一起摆盘。

用作恢复体力、老人或小孩的滋养粥时要把食材切细一点再煮。

 卵磷脂有助脑部发育

丝瓜 富含卵磷脂能预防老年痴呆，增强脑部的活动。还含有维生素C、维生素A和维生素E，能防止皮肤老化和脱发。容易消化吸收，非常适合小孩断奶或老人的营养补给之用。

蛤蛎肉 富含能保护肝脏的必需氨基酸——蛋氨酸，因此非常适合作为解酒汤的食材。能降肝热，有卓越的解毒和消除疲劳的功效。

聪明粥

利用有醒脑效果的"聪明汤"熬成的粥。
能补脑、安定心神，有益消化，对考生
而言非常好。

材料

浸泡过的米 1 杯、盐少许

"聪明汤" 白茯神 10 克、远志 3 克、石菖蒲 3
克、水 7 杯

1 **熬煮"聪明汤"**
在锅中放入白茯神、远志与石菖蒲，加水用小火熬煮 20 分钟后再捞出
药材。

2 **煮粥**
在锅中放入浸泡过的米，加入"聪明汤"后用大火煮。等米半熟后，调小火煮，用木制饭
勺搅拌。

3 **调味**
加入盐简单调味后装碗。

白茯神、远志与石菖
蒲是能提升集中力并
且改善健忘症的中药
药材。三种药材组合
熬成聪明汤。

 提高记忆力和注意力

用白茯神、远志与石菖蒲所熬出的聪明汤是《东医宝鉴》中记载能治疗
健忘症的药方。在觉得头昏沉、记忆力和注意力下降或压力大时服用，
能帮助减缓症状。

 白茯神　　　 远志　　　 石菖蒲

菊花粥

在糯米中加入菊花茶所熬出来的粥，具有预防感冒的效果。很容易消化又能使眼睛明亮，而且特殊香气能帮助安定神经。

材料
浸泡过的糯米1杯、水6杯、红枣2个、松子少许
菊花茶 干菊花3克、水1杯

1 **煮菊花茶**
   将干菊花加入1杯水烧沸，滚水中煮5分钟左右。

2 **煮粥**
   在锅中放入泡好的糯米和6杯水，用大火煮粥。

3 **放入菊花茶与红枣**
   粥熟了后加入菊花茶与红枣，稍微煮一下再装盘。

没有干的菊花，使用柑橘茶或菊花茶包替代也可以。

1

 使头脑清晰、眼睛明亮

菊花 富含维生素A、维生素B$_1$与磷脂，对课业繁重的青少年的大脑和眼睛有益。具有解毒和清血功效，能预防支气管疾病与感冒，保护身体。

糯米 含丰富的B族维生素，兼具高热量且好消化。能帮助增强气力，消除身体的小病痛。

豆腐鱼卵粥

用对身体好的豆腐与对皮肤好的鱼卵一起熬煮的粥。不仅有益健康，而且风味绝佳，即使当作主餐也毫不逊色。

材料

浸泡过的米1杯、水7杯、豆腐50克、鱼卵50克、酱油1／2大匙、葱花1／2大匙、蒜末1／2小匙、虾粉1／2小匙、清酒1／2大匙、香油1小匙、盐少许

1 **处理豆腐和鱼卵**
   豆腐切小块，鱼卵切小块。

2 **煮粥**
   在锅中放入浸泡过的米和水，用大火煮。米半熟了后改小火煮。

3 **放入豆腐和鱼卵**
   将豆腐、鱼卵、葱花、蒜末和虾粉放入，一边搅拌一边煮，再放入酱油与清酒一起煮熟。

4 **调味**
   放入盐与香油调味，装碗。

 富含优良的蛋白质

豆腐 富含优良的植物性蛋白质，对于生长期儿童的大脑发育有益，还能预防老年痴呆。好消化而且热量低，这种食材对于整天都要坐着的学生和上班族非常适用。

鱼卵 富含必需氨基酸的蛋白质合成体。可以为成长中的儿童或是老年人补充营养。

莓果粥

加入了紫色蓝莓与红色草莓的粥，具有卓越的抗氧化效果，口感酸甜，气味独特。富含维生素，有助于消除疲劳。

材料

浸泡过的米1杯、水7杯、蓝莓1杯、草莓4个、蜂蜜1大匙、盐少许

1 **煮粥**

在锅中放入浸泡过的米，加入水用大火煮。待大半都煮熟后改用小火煮。

2 **调味**

粥煮滚后用盐简单调味。

3 **放入蓝莓、草莓**

将蓝莓与草莓洗净，切好后放入粥中，用饭勺均匀搅拌装碗，和蜂蜜一起摆盘。

蓝莓的紫色加热后会变淡。所以要在粥煮好后最后放入。

（药食同源）🔍 **减缓压力、抗氧化**

蓝莓与草莓 富含丰富的维生素与花青素，对于消除压力有帮助。蓝莓是纽约时代杂志选出的十大健康食品，对成长中的身体很好，抗氧化效果相当卓越。

决明子蟹肉粥

在香气宜人的决明子茶中放入螃蟹煮成的风味粥。富含丰富的氨基酸，是营养满分的粥品。

材料

浸泡过的米 1 杯，水 4 杯，螃蟹 1 只，尖齿茴芹 50 克，葱花 1 大匙，盐少许

螃蟹调味酱 葱 1 / 2 株，蒜头 2 颗，味噌、清酒各 1 大匙

决明子茶 决明子 1 / 2 杯，水 3 杯

1 **熬决明子茶**
将决明子放在锅中稍微炒一下后，加入 3 杯水，熬 10 分钟后捞出来。

2 **熬螃蟹汤**
螃蟹洗净后放在锅中，加入 4 杯水，与调味酱一起煮。螃蟹熟后捞出取出蟹肉，汤汁过滤备用。

3 **煮粥**
在锅中放入泡好的米、螃蟹汤和决明子茶，用大火煮滚。

4 **放入蟹肉和香油并调味**
粥熟了后放入蟹肉、切好的尖齿茴芹、葱花和盐，再稍微煮一下后装碗。

蒸螃蟹时加葱、蒜、生姜与清酒能帮助去除腥味。

1

 消除眼睛的疲劳，帮助头脑活动

决明子 从它的名字就能看出具有明目的功效。在中医中常用在治疗各种眼睛疾病的处方中。还具有改善高血压等慢性疾病、提振精神和帮助消化的功效。

螃蟹 对大脑非常好的高蛋白、低脂肪食品。富含铁质与钙质，能强健骨骼，富含蛋氨酸，能活化脑部功能，提高记忆力。

柚子米浆

具有预防感冒的效果，柚子米浆味道香甜、口感温润。好消化又能帮助消除疲劳。

材料

浸泡过的米 1 杯、水 12 杯、柚子 1 只、蜂蜜少许、盐少许

1 **处理柚子**
   柚子先切成 4 等份，取柚子皮的黄色部分，先切成薄片再切成丝。果肉挤汁。

2 **磨米**
   将浸泡过的米放到研磨机中，加入 1 杯水后研磨。

3 **煮粥**
   在锅中放入刚磨好的米与 11 杯水，用大火煮，同时用木制饭勺搅拌。

4 **放入柚子皮**
   米熟变透明后，改小火，将切好的柚子皮放入，一边搅拌一边煮。

5 **放入柚子汁调味**
   放入柚子汁，用盐简单调味后装碗，和蜂蜜一起摆盘。

如果不是出产柚子的深秋时节，用柚子酱代替亦可。

 消除疲劳，提高免疫力

柚子 柚子的维生素含量是苹果的 10 倍，橘子的 3 倍，可以说是维生素的综合体。能帮助消除疲劳，提高免疫力，有预防感冒和润喉的效果。因为富含钙质，对骨骼生长有帮助。

第四章

肠胃不适！
喝帮助消化美味粥

不知道是不是因为生活忙碌加上饮食习惯西化的关系，

现在被消化系统疾病困扰的人真的非常多。

食欲不振或是感觉肠胃不适时，没有比粥更好的食物了。

不论是梅子、萝卜或是白菜等，

拿来煮粥的话都能对消化有所帮助。

可以增加食欲，并且好消化。

下面我们就将为大家介绍这些非常适合用来当作早餐的粥品。

圆白菜粥

在有甜味的山楂子汤中加入圆白菜和米来煮，这道粥对胃不好的人毫无负担。

材料

浸泡过的米 1 杯、圆白菜 1 / 3 株（300 克）、洋葱 10 克、萝卜 10 克、芝麻叶 2 片、蒜头 1 粒、虾粉 1 / 2 大匙、酱油、香油各 1 / 2 大匙、盐少许

山楂水 山楂子 1 / 3 杯、水 7 杯

如果想去除圆白菜独特的气味，可以加一点醋。

1 **熬煮山楂水**
   山楂子洗净，倒入水，用中火煮 20 分钟后，捞出山楂子。

2 **处理蔬菜**
   圆白菜、洋葱与萝卜切成适当大小，芝麻叶切成丝，蒜头切成片。

3 **拌炒食材**
   在锅里放入香油，接着放入圆白菜、洋葱、萝卜、蒜头、酱油和虾粉拌炒。

4 **煮粥**
   在 3 中放入泡好的米与煮好的山楂水，开始煮。

5 **放入芝麻叶简单调味**
   米煮烂后改用小火煮，加入少许的盐和芝麻叶，装碗即可。

 帮助消化，治疗胃溃疡

圆白菜 能消除肝热与胃热，化积食，帮助消化。因为是富含钙质的碱性食品，对于预防或治疗胃溃疡相当有帮助。

山楂子 性质温热，能增强胃的消化功能，促进血液循环，疏通阻塞的血管。

南瓜谷物粥

使用南瓜和多种谷物一起熬煮而成，又香又丰盛的粥品，是能帮助消化且有健胃功效的健康食品。

材料

南瓜 500 克、红薯 1 个、红枣 4 颗、焖熟的红豆 1／2 杯、黑豆 1／3 杯、小米 2 大匙、糯米粉 1／2 杯、水 12 杯、盐 1／2 大匙

谷物粥是用多种谷物煮成的粥品。

1　**处理材料**
　　黑豆泡水，红薯切块，红枣去核切片。

2　**南瓜去子去皮**
　　南瓜切成大块，去子，放在蒸锅中蒸，去皮取肉放在锅中。

3　**熬煮材料**
　　在 2 中放入黑豆、红薯、焖熟的红豆与红枣，加水直接熬煮。

4　**放入糯米粉与小米**
　　等 3 材料煮烂后，放入糯米粉与小米，均匀搅拌，注意不要烧焦。

5　**调味**
　　用盐简单调味后，立即关火，装碗。

 预防便秘，消除浮肿

南瓜　内含果胶，非常适合胃虚弱的人或是恢复期的患者食用。对于消除产后浮肿相当有效，而且还是非常适合糖尿病患者的食品。

红薯　含有丰富的膳食纤维，能预防便秘，能给肾脏和脾脏提供营养。富含丰富的钾能帮助钠排出体外，非常适合和泡菜一起食用。

高粱丸子粥

圆滚滚的高粱丸子相当可爱。容易消化，能让肠胃感觉舒适，是不管何时都能毫无负担地享用的美食。

材料

浸泡过的糯米 1 杯、水 7 杯、栗子 2 个、豌豆 1 大匙、盐少许

高粱丸子 高粱粉 1 杯、面粉 2 大匙、水 1 / 2 杯

高粱丸子必须加入面粉一起搅拌才能捏出口感佳、有嚼劲的丸子。

1 **处理栗子与豌豆**
   栗子去除外皮，切片，豌豆煮熟。

2 **制作高粱丸子**
   混合面粉与高粱粉，加入 1 / 2 杯的水，搅拌均匀。捏成丸子，放入水中煮。

3 **煮粥**
   在锅中放入糯米，加水，用大火煮滚。

4 **放入丸子、栗子与豌豆**
   放入刚刚煮熟的丸子、豌豆和栗子，转小火煮。

5 **调味**
   待粥熟透后，加入少许的盐调味后，装碗。

 有暖胃的功效

高粱 性温和，具有健脾和胃、止泻的功效。能缓解严重的呕吐、腹泻、细菌感染型食物中毒、急性胃炎等。

糯米 富含 B 族维生素，虽然热量高却易消化。

橡实凉粉粥

橡实凉粉非常好消化，而且热量低，因此可以放心食用。在海带粥中加入干的橡实凉粉与各种蔬菜一起煮出来的粥极具口感。

材料

浸泡过的米 1 杯、海带 1 片、水 7 杯、干的橡实凉粉 100 克、胡萝卜 10 克、南瓜 20 克、酱油 1 小匙、葱花 1／2 小匙、蒜末 1／3 小匙、紫苏盐少许、香油与盐少许

干的橡实凉粉要先泡过再切，而鲜的橡实凉粉要最后放进去才不会糊掉。

1 **熬煮海带高汤**
   将海带泡水后，放入锅中加水，熬煮 15 分钟，捞出海带切丝。

2 **处理材料**
   将干的橡实凉粉泡水后，切成小块。胡萝卜和南瓜也切好。

3 **拌炒材料**
   在锅中放入香油，放入刚刚切好的凉粉、胡萝卜、南瓜，加入酱油、葱花、蒜末与紫苏盐一起拌炒。

4 **煮粥**
   在 3 中加入刚刚泡好的米，加入海带高汤，用木勺慢慢搅拌熬煮。

5 **放入海带**
   等米熟透后放入海带，用木勺慢慢搅拌熬煮。

6 **调味**
   待粥熟透后，加入少许的盐调味后，装碗。

 温和止泻，排出体内的重金属

橡实 又苦又涩的味道来自橡实中的单宁酸，这种物质能健胃止泻。含有抗坏血酸能帮助排出体内的重金属和有害物质，还能促进消化，提高食欲。

干菜粥

将煮过的干菜和味噌凉拌调味后，加入小鱼干高汤而煮成的粥，富含食物纤维能预防便秘。

材料

浸泡过的米 1 杯、煮过的干菜 1 杯、香油与盐少许

干菜调味料 味噌 1／2 大匙、葱花 1／2 小匙、蒜末与香油少许

小鱼干高汤 小鱼干 10 条，水 7 杯

1 **熬小鱼干高汤**
  去除小鱼干的头和内脏，放在锅内拌炒，加入水煮 15 分钟，过滤杂质。

2 **为干菜调味**
  煮过的干菜剥除外皮，切好并加入干菜调味料拌匀。

3 **炒干菜**
  在锅中放入香油，把调了味的干菜放入锅中炒。

4 **煮粥**
  在 3 中加入泡好的米和小鱼干高汤，边煮边搅拌。

5 **调味**
  待粥熟透后，加入少许的盐调味后，装碗。

> 干菜是将芜菁晒干制成的，口感与香味具佳，不论是搭配粥或是饭都相当适合。

药食同源 **富含消化酶**

芜菁 富含丰富的消化酶与膳食纤维，有利于消化和排便。还含有维生素 A 和维生素 C，能缓解感冒和咳嗽，防止皮肤长斑点，打造健康的肌肤。抗菌效果卓越，可以预防食物中毒。

红薯糙米粥

将红薯放入糙米中一起煮成的粥品，糙米营养价值高，富含酶能帮助消化，加入小米的话风味更佳。

材料

浸泡过的糙米 1 杯、水 7 杯、红薯 1.5 个（200 克）、

小米 2 大匙、盐少许

1　煮粥

　　在锅中放入泡好的糙米，加入水用小火煮。

2　放入红薯与小米

　　糙米熟透后，将红薯切好放入。红薯熟透后用木制饭勺压一压，然后放入小米一起煮。

3　调味

　　待粥熟透后，加入少许的盐调味后，装碗。

糙米如果洗过后放在冰箱里，过几天就会发芽。使用发芽的糙米煮出的粥营养价值极高。如果担心糙米很难煮熟，可用压力锅来煮。

 富含膳食纤维，营养价值高

红薯 富含食物纤维能预防便秘。含有丰富的钾，有利于钠的排出，非常适合与泡菜一起吃。

糙米 营养价值高，能健胃整脾，生津解渴、温和止泻。不仅富含膳食纤维，蛋白质、矿物质含量还是普通米的 2 倍。

清曲酱粥

在小鱼干高汤中放入米和泡菜，并且加入清曲酱，这样煮出的粥香气四溢。不仅有益消化，且能增进食欲。

材料

浸泡过的米 1 杯、小鱼干高汤 7 杯、泡菜 1 / 2 杯、豆腐 30 克、鸿喜菇 20 克、山蒜 10 克、清曲酱 1 / 2 杯、酱油 1 / 2 大匙、香油 1 / 2 大匙、盐少许

1　**处理材料**
　　泡菜、豆腐、鸿喜菇与山蒜都切成容易入口的大小。

2　**熬泡菜汤**
　　在锅中放入香油，加入泡菜与酱油拌炒，再加水煮成泡菜汤。

3　**煮粥**
　　在泡菜汤中放入泡好的米，待米熟透后放入豆腐、鸿喜菇、山蒜与清曲酱，慢慢煮。

4　**调味**
　　待粥熟透后，加入少许的盐调味后，装碗。

因为清曲酱含有乳酸菌，因此最好在最后再加入。

药食同源　富含乳酸菌与天然酶

清曲酱 是将大豆放在温暖的地方，让酵母繁殖，发酵而成的发酵食品。不仅好消化且富含维生素 B_2，能清除肝脏与肠道的毒素，还能消除疲劳。

泡菜 熟成的泡菜富含乳酸菌、各种酶、纤维质与维生素 C，能帮助消化，提高肠道的机能。有增进食欲和消除疲劳的功效。

韭菜牛肉粥

除了加入牛肉和韭菜外，还加入辣椒酱
与味噌调味的美味健康粥。
不仅好消化，而且具有健胃整肠的效果。

材料
浸泡过的米1杯、水7杯、韭菜100克、牛肉50克、
味噌1／2大匙、辣椒酱1／2大匙、香油少许
牛肉调味料 酱油1小匙、葱花1／2匙、蒜末
1／3匙、香油、胡椒粉少许

1 **处理韭菜和牛肉**
   韭菜洗净后，切成容易入口的大小。牛肉切成适当大小后，放入牛肉
   调味料稍微腌一下。

2 **熬煮高汤**
   在锅中放入香油，把用酱料腌过的牛肉放入拌炒，然后加入水、味噌
   和辣椒酱来煮。

3 **煮粥**
   在2中放入浸泡过的米，待粥熟透后，加入少许的盐调味后，装碗。

> 熬煮高汤时如果有
> 油，应该要捞出来，
> 才能让汤爽口干净。

 能帮助肠道健康

韭菜 性质温和，有些微辛味，能帮助肾、胃、脾和肝恢复元气。富含维生
素与蛋白质，能温暖胃部，强健肠道。

牛肉 能帮助补血，给肌肉和骨骼提供营养。牛肉的蛋白质富含多种必需氨
基酸，营养价值高。

白萝卜粥

加入了白萝卜和白菜的清淡爽口的粥品。
白萝卜和白菜有益消化，而丰富的维生素
有助于感冒和咳嗽好转。

材料

浸泡过的米 1 杯、水 7 杯、白萝卜 100 克、白菜
100 克、胡萝卜 20 克、牛肉丝 50 克、香油与盐少许
牛肉调味料 酱油 1 小匙、葱花 1／2 小匙、蒜末
1／3 小匙、紫苏盐、香油少许

1 **处理材料**
   将白萝卜、白菜与胡萝卜切成细丝，将牛肉丝放在牛肉调味料里。

2 **拌炒食材**
   在锅中放入香油，拌炒腌过的牛肉丝，加入白萝卜、白菜与胡萝卜一
   起拌炒后，加水一起煮。

3 **煮粥**
   在 2 中放入浸泡好的米，用木制饭勺搅拌，慢慢煮。

4 **调味**
   待粥熟透，加入少许的盐调味后，装碗。

> 白萝卜和泡菜可以多
> 准备一些放在家里备
> 用。这些是汤、涮锅
> 类、小菜等经常用到
> 的多用途食材。

 能助消化，富含维生素 C

白萝卜 富含消化酶，能强健脾胃功能，有益消化。因为富含维生素 C，可
以很好地防治感冒。

白菜 富含食物纤维，能帮助消化，缓解便秘。因为富含维生素 C 与钙质，
能预防感冒，提高免疫力。

芥蓝菜粥

口感温润的芥蓝菜与虾米一起煮出的美味粥品，能健胃，促进消化。
对于胃不好的人而言，芥蓝菜真的是很好的食材。

材料
浸泡过的米 1 杯、水 7 杯、芥蓝菜 200 克、土豆 1 个、虾米 1 / 3 杯、酱油 1 大匙、葱花 1 小匙、蒜末 1 / 2 小匙、紫苏盐少许、香油与盐少许

1　**处理芥蓝菜与土豆**
　　剥除芥蓝根部的表皮，放到水中稍微汆烫一下，再切成细丝，土豆削皮后，切成略厚的片状。

2　**煮粥**
　　在锅中放入浸泡过的米、虾米与土豆一起煮。

3　**放入芥蓝并调味**
　　待粥熟透后，放入芥蓝、酱油、葱花、蒜末、紫苏盐与香油，稍微煮一下后用盐调味，装碗。

> 用虾米熬高汤时，虾米如果太老可以煮过后捞出来，只使用汤，或是直接使用虾粉来熬汤也可以。

 富含维生素与矿物质

芥蓝菜 富含维生素、矿物质和膳食纤维，有助于肠胃健康。

虾 富含丰富的蛋白质、钙质及其他矿物质。富含能降低血中胆固醇的单宁酸，具有解肝毒的功效，能提高免疫力，有益健康。

锅巴水梨粥

用香脆的锅巴和水梨一起煮，就能变成香气四溢且带有甜味的风味粥品。能帮助消化且预防感冒。

材料
锅巴 200 克、水 6 杯、水梨 1 个、盐少许

1 **切水梨**
   水梨削皮，切成细丝备用。

2 **煮锅巴**
   在锅中放入锅巴，加入水开始煮。

3 **煮粥**
   锅巴煮滚了后，加入梨丝和少许的盐调味，稍微煮一下就能装碗了。

可以将米饭铺在搪瓷锅或是厚底锅上，米饭厚度约 1 厘米，加少许水盖上锅盖用小火焖 20 分钟，就可以做出清脆美味的锅巴。

 能缓解便秘与宿醉

水梨 水梨性寒，能降肺热和胃热，有止咳化痰的功效，能改善各种呼吸系统疾病。因为富含水分能解渴，可以缓解宿醉、改善便秘。将炎性物质排出体外，预防发炎的效果卓越。

海带芽蛤蛎粥

将海带芽与蛤蛎肉一起拌炒后，加入米
煮成的粥品。
具有改善便秘、解肝毒的功效。

材料

浸泡过的米 1 杯、水 7 杯、海带丝 100 克、蛤
蛎肉 1 / 2 杯、小葱 1 根、酱油 1 小匙、香油
与盐少许

1　**处理材料**
　　蛤蛎肉用盐水清洗沥干；海带芽泡在水中，等到海带中的盐分完全去
　　掉后，捞出来切成细丝。

2　**拌炒食材**
　　在锅中放入香油，放入蛤蛎肉、海带芽、小葱与酱油，稍微拌炒一下，到入水，一边搅拌，
　　一边慢慢煮。

3　**煮粥**
　　在 2 中放入浸泡好的米，用木制饭勺搅拌，慢慢煮。

4　**调味**
　　待粥熟透后，加入少许的盐调味后，装碗。

在冬天也可以不用干
燥的海带芽，可直接
用海带来熬汤再切成
丝。

药食同源　**缓解便秘，解肝毒**

海带 含丰富的膳食纤维，能改善便秘，所含的氨基酸能降低血压。由于能
　　促进新陈代谢，因此非常适合产后调理时食用。

蛤蛎肉 含有能保护肝脏的必需氨基酸，因此常被用在解酒汤中。能降肝
　　热，而且解毒效果佳。

李子粥

在用五味子煮的粥中加入干燥的李子，
创造出独特的清甜口感，能帮助消化，
预防便秘。

材料
浸泡过的米 1 杯、水 6 杯、干李子（蜜饯）1 / 2
杯、苹果 1 / 2 个、蜂蜜与盐少许
五味子水 五味子 1 大匙、水 1 杯

1 **熬五味子**
将五味子用水浸泡 1 小时后，放在锅中煮滚，过滤杂质备用。

2 **切材料**
苹果切成小块，干李子也切成小片状。

3 **煮粥**
在锅中放入浸泡好的米和 6 杯水，用大火煮。

4 **放入食材**
米熟透后，转小火，将干李子片放入稍煮一会儿后，放入苹果块与五味子水，稍微煮一下。

5 **调味**
待粥熟透，加入少许的盐调味后，和蜂蜜一起装碗。

李子干即使是单独吃也
对便秘相当有帮助。
要注意的是，五味子如
果煮太久会有中药味。

2

（药食同源）🔍 **改善便秘，安定心神**

李子 能降肝和肾脏的热，提供足够的营养。富含类胡萝卜素与花青素，抗
老化效果卓越。
五味子 性质温和，能补充肺、心和肾脏的元气。具有健胃、整肠和消除疲
劳的效果。

鲜橘糙米粥

在富含膳食纤维的糙米中加入了橘子与橘皮、芝麻叶来煮的粥，非常适合没有力气或是消化不良时食用。

材料

浸泡过的糙米1杯、水7杯，橘子1个，黑糖
1/2杯

1　**处理橘子**
　　把橘子洗净，剥皮去子。将橘子瓣外面白色的纤维剥除，将橘皮切成丝。

2　**煮粥**
　　在锅中放入浸泡好的糙米与水，用大火煮。

3　**放入食材**
　　糙米熟透后，放入橘子瓣、橘皮、芝麻叶和黑糖，稍微煮一下，装碗。

干燥的橘皮又被称为陈皮，自古以来被常作为药膳使用。近来大家都认为新鲜的橘皮比干燥的陈皮效果更佳，因此在这道粥中使用了新鲜的橘皮。

药食同源　**强健脾胃效果好**

橘皮　橘皮性温，能行气健胃，对脾、胃和肺有益，能减少体内的湿气。不仅有益消化，而且对感冒也有帮助。

糙米　营养价值高，能健胃脾，生津解渴，温和止泻。膳食纤维含量高，丰富的蛋白质和矿物质含量是普通米的2倍。

酒酿粥

在酒酿里放入糯米、生姜与红枣煮成的粥。
吃完后能温暖身体。把酒酿加热的话，
能增加香甜的口感。

材料
浸泡过的糯米 1 杯、水 5 杯、酒酿 2 杯、水梨 1 / 4
个（50 克）、生姜 2 片、红枣少许、松子少许、
蜂蜜与盐少许

1　**处理食材**
　　将生姜与水梨切成细丝，红枣去核后，切成圆片。

2　**熬煮糯米**
　　在锅中放入糯米，加水后开始煮。

3　**放入材料**
　　粥煮滚后，放入水梨、生姜与酒酿，用木制饭勺搅拌，慢慢煮。

4　**调味并摆盘**
　　待糯米熟透后，用盐简单调味，装碗，并在上面洒上红枣片和松子用以装饰，与蜂蜜一起
　　摆盘。

维持肠道健康

酒酿　味甜、性温和。能温暖地保护胃和肺，还能滋润干燥的肠道，帮助
消化。

水梨　性寒，能解肺和胃的热，止咳化痰，改善各种呼吸系统疾病。富含水
分能解渴，能缓解宿醉、改善便秘。

生姜　辛辣、性温和，能温暖胃和肺。有抑制恶心和咳嗽的效果。

梅子粥

用酸甜的梅子煮成的粥，不仅能增进食欲，还能帮助消除疲劳，有预防食物中毒的功效。

材料

浸泡过的糯米1杯、水7杯、梅子4个、梅精2大匙、水梨1/3个、盐少许

1 **切梅子与水梨**
将梅子与水梨切成细丝备用。

2 **煮粥**
在锅中放入浸泡好的糯米和水，用大火煮。

3 **放入水梨与梅子**
糯米九成熟后，放入水梨与梅子还有梅精继续煮。

4 **调味**
待粥熟透后，加入少许的盐调味，装碗。

 帮助消化，预防食物中毒

梅子 富含枸橼酸，能促进胃酸分泌，帮助消化，提升胃口。能促进肠道运动，消除便秘。其中，丰富的有机酸能够促进血液循环，对皮肤也很好。抗菌效果卓越，能预防食物中毒，治疗腹泻。

大麦栗子粥

在平常喝的麦茶里放入大麦和栗子煮成的粥。味道温润可口，有助于消化，能增强胃的功能。

材料

大麦 1 杯、麦茶 7 杯、栗子 20 颗、煮熟的豌豆适量、盐少许

1 **研磨大麦**
  将大麦磨成一半大小。

2 **煮熟栗子并挖出**
  煮熟栗子，用小汤匙将果肉挖出。

3 **煮粥**
  在锅中放入大麦，加入麦茶一起煮。

4 **放入豌豆、栗子并调味**
  粥熟了后，放入栗子和煮熟的豌豆，用盐调味，再次煮滚，装碗。

如果没有麦茶的话，可以直接用白开水煮，不过会少了大麦的香甜气味。

 增强胃的功能

大麦 含有丰富的膳食纤维，能促进胃肠活动，预防便秘。因为能抑制脂肪的囤积，所以具有减肥功效。

栗子 含有五大均衡的营养素，是营养满分的食品。能补充脾胃与肾的元气，帮助活血、止血，提高胃的功能。

香蕉粥

在甜甜的枸杞水中加入米和香蕉来煮的粥，不仅能帮助消化，还能缓解腹泻。有助于舒缓身体的僵硬。

材料
浸泡过的米 1 杯、香蕉 1 根，核桃、蜂蜜、盐各少许
枸杞子茶 枸杞子 1 / 3 杯、水 7 杯

1 **熬煮枸杞子**
   在锅里放入枸杞子与水，约煮 20 分钟后，过滤杂质。

2 **处理香蕉与核桃**
   将香蕉切片，核桃轻拍碎。

3 **煮粥**
   在锅里放入浸泡的米与枸杞子茶，煮滚后，放入香蕉和枸杞子茶一起煮。

4 **调味**
   放入核桃后再稍微煮一下，用少许的盐简单调味后，装碗，和蜂蜜一起摆放。

药食同源 **改善肠胃功能障碍**

香蕉 有清理肠道毒素的功效。香蕉中的果胶有益消化，对于有肠胃功能障碍的人相当好。

枸杞子 能促进血液循环，让皮肤健康美丽。因为能减少引起皮肤老化的自由基，所以多吃能让青春永驻。

山茱萸芋头粥

口感微酸的山茱萸与温润的芋头搭配起来风味绝佳，能增进食欲，帮助消化，具有预防便秘的功效。

材料

浸泡过的米 1 杯、水 7 杯、山茱萸 1 / 3 杯、小芋头 5 颗、白萝卜 100 克、盐少许

调味蘸酱 酱油 1 大匙、葱花 1 小匙、蒜末 1 / 3 小匙、紫苏盐、香油少许

1 **处理芋头、白萝卜**
   芋头削皮，煮熟，切成小块，白萝卜切成细丝。

2 **煮粥**
   在锅中放入浸泡过的米和水，用大火煮滚。

3 **放入食材**
   米熟透后，放入芋头、白萝卜丝、山茱萸，边煮边用木制饭勺搅拌。

4 **调味**
   用少许的盐简单调味后，装碗，和调味蘸酱一起摆放。

 让身体轻盈，缓解便秘

山茱萸 食用后会感觉身体变轻盈，能帮助恢复力气，常作为恢复元气时使用的药材。

芋头 是碱性食品，对于胃虚弱、营养不良或是习惯性便秘的人很有帮助。自古以来就被当成"消化剂"和"便秘药"来使用。

生姜柿子粥

放入生姜、桂皮和柿子一起煮成的粥。
因为添加了多种温性的食材，能帮助身
体驱逐寒冷，有益消化。

材料

浸泡过的米 1 杯、柿子 4 个、红枣少许、松子
少许、黑糖少许、蜂蜜少许、盐少许
生姜水 水 7 杯、生姜 1 个、桂皮 10 克

1 **处理生姜和桂皮**
   生姜洗净，剥皮，切成细丝。桂皮切小片。

2 **煮生姜和桂皮**
   在锅内放入生姜和桂皮，加水用小火煮 20 分钟，然后将生姜与桂皮捞
   出。

3 **煮粥**
   在 2 中放入浸泡过的米，用大火煮滚。米熟透后，将柿子切好放入，并用黑糖和盐简单调味，
   煮滚粥熟透。

4 **摆盘装饰**
   将粥装碗，洒上红枣和松子用以装饰，和蜂蜜一起摆放。

生姜和桂皮分开熬
煮再混合使用的话，
风味更佳。

 有通经活络的功效

生姜 性温热而味辛，能温暖胃和肺，抑制恶心感，缓解咳嗽。
桂皮 性质温暖，有益胃、肝与肾，有益消化，能去除身体的
寒冷，增强气力。
柿子 能增强心脏和肺的活动，有止血效果，富含膳食纤维，有益消化。

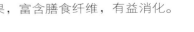

茄子莲藕粥

茄子和莲藕稍微煎一下，能保留原有的口感与美味。加入味噌调味后，就能变成香甜可口的风味粥。

材料

浸泡过的米1杯、水7杯、茄子1／2个、莲藕20克、味噌1／2大匙、葱花1／2小匙、蒜末1／3小匙、紫苏盐少许、香油少许、盐少许，食用油适量

1　**处理茄子与莲藕**
　　将茄子去蒂切成片状，莲藕也切成片状备用。

2　**煎茄子与莲藕**
　　在平底锅上加入少许食用油，茄子与莲藕的两面稍微煎一下。

3　**煮粥**
　　在锅中放入浸泡过的米与水，煮滚后，放入茄子和莲藕。再放入味噌、葱花、蒜末、紫苏盐、香油来调味。

4　**调味**
　　待粥熟透后，加入少许的盐调味，装碗。

> 茄子和莲藕只稍微煎一下，不仅能保留口感，颜色也会很漂亮。

 富含水分，有助减肥与缓解便秘

茄子 味甜，性寒凉，能解脾胃的热，帮助血液循环。由于富含水分且热量低，因此是很好的减肥食品。含有丰富的膳食纤维，能防止便秘。

酸奶麦浆

在香气四溢的麦浆中加入口感温润而香甜的酸奶做成。富含乳酸菌和矿物质，可以说是天然的消化剂。

材料

酸奶1杯、麦粉4大匙、水6杯、石榴适量、蜂蜜少许

1 **放入麦粉**
   在锅中放入麦粉，慢慢加水调匀，不要结块。

2 **熬煮麦粉**
   用小火煮，边煮边用木制饭勺轻轻搅拌。

3 **加入酸奶与石榴**
   在麦浆中加入酸奶与蜂蜜，均匀搅拌后，装碗，将少许石榴点缀在上面即可。

(药食同源) **富含乳酸菌，有益肠道健康**

酸奶 丰富的乳酸菌能增强胃的活动，帮助消化，借助好菌的作用，抑制有害细菌。能帮助治疗胃炎和胃溃疡，让胃更健康。

全麦甘草米浆

综合麦粉和米浆的温润口感，加入甘草
熬煮而成。能帮助我们维持消化系统的
健康。

材料
米浆粉 1 / 3 杯、麦粉 1 / 3 杯、香油与盐少许
甘草水 甘草 10 克、水 10 杯

1　**煮甘草水**
　　甘草洗净，装在锅中，加入水约煮 10 分钟后，过滤杂质。

2　**炒米浆粉和麦粉**
　　在锅中加入一点香油，放入米浆粉和麦粉，用木制饭勺一边搅拌一边
　　拌炒。

3　**煮米浆**
　　在炒米浆粉的锅中加入甘草水，边煮边慢慢搅拌，注意不要结块。

4　**调味**
　　米浆煮得比较稠后，用少许的盐调味。装碗。

要放的各类谷物粉合
一起拌炒的话，味道
会更香醇。

 增强肠道功能，供给能量

甘草 能增强胃、脾、肾和肺的功能，帮助消化。能消除肠道
中的毒素。

麦粉 味甜而性寒，能解心脏和脾脏的热，减缓口渴的情形。

米浆粉 能保护脾、胃和肺，维护消化器官的健康。营养丰富，能提高消化
吸收力，给身体提供能量。

糯米红枣米浆

加入红枣熬很久的米浆。能恢复体力，强健消化系统。

材料

浸泡过的糯米 1 杯、水 12 杯、红枣 10 个、盐少许、蜂蜜少许

1 **处理红枣**
  红枣洗净后，去核。

2 **熬煮米浆**
  将红枣和浸泡过的糯米一起放入锅中，加水约熬煮 1 个小时。用木制饭勺搅拌或等米熟后稍微压碎一下。

3 **调味**
  放入盐和蜂蜜，简单调味后装碗。

> 糯米比一般的米黏性佳，用来煮粥非常棒。

1

 补充元气，有益消化道健康

糯米 富含 B 族维生素，虽然热量高，却容易消化。味甜而性温和，能补充胃肠的营养和元气，缓解腹泻。

红枣 味甜、性温，能强健心、胃与脾。具有安定心神的效果。

蜂蜜 补益胃气，止咳，改善干燥的体质。

适合搭配粥的
汤和小菜

容易准备，还能呼噜噜喝下去，
不论是作为病后调理餐还是早餐，粥都非常适合。
虽然说喝粥时并不一定要搭配什么餐点，
不过搭配一些餐点，不仅能增加粥的营养价值，
而且还能增添粥的美味指数。
现在我们要为大家介绍，
与粥速配的小菜和汤品。
有了这些汤品和小菜，
吃粥不再单调，幸福感更加倍！

有一点咸的酱菜或是腌制的海鲜
等，如肉松、海带或炒虾仁等干
的小菜，或是卤牛肉、腌制豆
类、辣腌萝卜干等一般日常吃的
配菜都非常适合搭配粥一起享
用。这些餐点不仅能提升粥的风
味，还能补充营养。

粥的味道一般都调得比较淡。
因此最好另外备一点酱油或
盐，让大家根据自己的口味来
添加。

粥最好在温的时候品尝，不要
一边吹一边吃热乎乎的粥。在
粥上面加点香油或海苔粉会更
加美味。

以粥为主食时，该如何准备

吃粥时，不必像平常吃饭一样准备那么丰盛的配菜。因为过多的配菜反而会让粥失去味道。只要清爽的汤和简单的小菜就足够了。

不论是爽口的粥或是微酸的粥，甜味都能提升它们的美味。因此和蜂蜜一起摆盘，可以让家人根据自己的喜好来添加。

比起又辣又咸的酱菜，清淡爽口的酱菜和粥更搭配。比如腌白萝卜、腌小黄瓜或是腌白菜等都非常适合与粥搭配着吃。

搭配粥的汤最好是清淡的。味噌汤、鱼汤、海带汤或是鸡蛋汤等爽口的汤都非常适合。汤头较清澈的火锅类也比较适合，可以用盐或虾粉来调味。

适合搭配粥膳一起品尝的汤品

黄豆芽汤

材料（4 人份）

黄豆芽 350 克、小葱 1 / 2 株、蒜末 1 小匙、香油 1 小匙、盐少许、水 5 杯

1　**处理黄豆芽和小葱**
黄豆芽用清水洗净，小葱切成葱花。

2　**拌炒黄豆芽并加水**
在锅中放入香油后，拌炒黄豆芽，炒到豆芽熟后，加水盖上锅盖，一直煮到豆芽的腥味去除。

3　**简单调味**
黄豆芽完全熟后，加上葱花和蒜末，用盐简单调味后再稍微熬煮一下。

金针菇海带汤

材料（4 人份）

浸泡过的海带 1 杯、金针菇 1 包、味噌 2 大匙、盐少许

小鱼干海带高汤 小鱼干 10 条、干海带（5×5 厘米）1 片、水 6 杯

1　**准备小鱼和干海带**
小鱼干去除内脏，将厚毛巾蘸湿，把干海带的杂质擦干净。

2　**熬小鱼干海带高汤**
在锅中加入水，放入小鱼干和海带熬汤。一直熬到汤汁出现颜色后，捞出小鱼干和海带。

3　**准备海带和金针菇**
浸泡过的海带洗净后，切成容易入口的大小。金针菇切成 2~3 厘米长。

4　**放入味噌熬汤**
在小鱼干海带高汤中放入海带和味噌煮滚。煮一会后再放入金针菇，用盐简单调味。

牛肉萝卜汤

材料（4 人份）

牛肉（脊肉），200 克、萝卜 1 / 4 个、葱 1 株、酱油 4 大匙、蒜末 1 大匙、盐与胡椒粉少许、水 6 杯

牛肉腌料 酱油与香油各 1 大匙、蒜末 1 小匙

1　**腌牛肉**
将牛肉切成适当大小，均匀抹上腌料，备用。

2　**处理萝卜和葱**
萝卜洗净后切成 3 厘米长，再切成宽 2.5 厘米，厚度 0.5 厘米的片状。葱切成斜段状。

3　**熬煮牛肉高汤**
将腌好的牛肉放在锅中炒一下，再加水煮。

4　**放入萝卜**
肉熟了之后放入萝卜，如果有泡沫要捞出。熬一会后加入葱、蒜与酱油，然后用盐调味，再加入少许胡椒粉提味。

虽然粥的水分较多，可是东方人吃饭时没有汤的话还是觉得少了点什么，而以下的汤就是适合搭配粥的汤。爽口的萝卜汤、黄豆芽汤、鸡蛋汤或是口味较浓一点的味噌汤都非常适合。

味噌菠菜汤

材料（4人份）

菠菜1把、葱1／2株、青小辣椒2个、红辣椒1个、味噌2大匙、辣椒酱1大匙、蒜末1／2大匙、盐少许

蛤蜊高汤 小蛤蜊1杯、水6杯

1 **处理食材**
   切除菠菜的根部，在水中洗净后切好。青小辣椒和葱都切好。

2 **熬蛤蜊汤**
   蛤蜊洗净后放置锅中，加水煮滚。蛤蜊开口后，先捞出蛤蜊，汤汁也用滤勺过滤一下。

3 **放入菠菜一起煮**
   在蛤蜊高汤中放入味噌和辣椒酱后，再放入菠菜，用小火煮20分钟左右。

4 **用盐调味**
   汤滚后，放入刚刚捞起来的蛤蜊与蒜末、青红椒与葱再稍微煮一下。用盐简单调味即可。

鸡蛋汤

材料（4人份）

鸡蛋3个、金针菇100克、葱1／2株、盐1小匙、香油与胡椒粉少许

海带高汤 海带（5×5厘米）1片、清酒1大匙、盐少许、水6杯

1 **打鸡蛋**
   鸡蛋加盐，以筷子温和搅拌一下。

2 **处理金针菇**
   金针菇切除根部，清洗后对半切，葱斜切备用。

3 **熬海带高汤**
   海带加水用大火煮10分钟左右，捞出海带。加入清酒，用盐简单调味。

4 **放入鸡蛋**
   在煮滚的海带汤中慢慢地倒入鸡蛋，再放入金针菇和葱。最后加入香油和胡椒粉提味。

河豚汤

材料（4人份）

河豚1条、萝卜1／6个、豆腐1／4块、金针菇1／2包、葱1株、红辣椒1个、香油1小匙、盐少许、水6杯

河豚蘸腌料 蒜末1／2大匙、酱油1大匙、香油1小匙

1 **腌河豚**
   河豚肉切块后均匀地蘸取腌酱。

2 **处理食材**
   萝卜和豆腐切成约手指的厚度，金珍菇对半切。葱和红辣椒斜切备用。

3 **拌炒河豚再熬汤**
   在锅中放入1小匙香油，把腌好的河豚放入拌炒后，加水用中火煮20分钟。

4 **调味并放入副食材**
   加萝卜和豆腐稍微煮一会后用盐简单调味，加入葱、金针菇和红辣椒，再稍微煮滚即可。

清脆爽口的泡菜、酱菜

萝卜酱菜

材料
萝卜（中等大小）20个、粗盐3杯

副材料 水梨2个、雪里红1／2段、葱1／4段、腌辣椒12个、大葱（葱白部分）10株、蒜头3颗、生姜3块

盐水 盐3杯、水50杯

1 **切萝卜**
挑选中等大小的萝卜，洗净后，洒上盐粗腌一整天。

2 **准备副材料**
水梨切成4等份，雪里红和葱抹上盐，每2~3株卷成1束。葱白对半切，蒜头和生姜切片后，一起装入腌料袋中。

3 **装入泡菜桶**
在泡菜桶中放入装有葱、蒜和生姜的腌料袋后，再放入刚刚切好的萝卜、水梨、雪里红等其他全部副材料。中间可放入腌辣椒。

4 **倒入盐水**
倒入盐水并用重的东西压住。拿出来吃时，将萝卜切成半圆形，萝卜叶切成3~4厘米长，连汤汁一起装碗。

白菜萝卜泡菜

材料
萝卜1个（500克）、大白菜1／2颗、盐1杯

副材料 芹菜2株、葱2株、红辣椒1个、大葱（葱白部分）6株、蒜头1大颗、生姜1块

腌泡菜的水 辣椒粉2大匙、盐4大匙、糖1小匙、水10杯

1 **切萝卜、大白菜**
萝卜切成块状，大白菜先对半切后，再切成和萝卜一样大小。各自抹上盐腌一下。

2 **准备副材料**
芹菜和葱切成3厘米长，辣椒和大葱也切成差不多长度。蒜头和生姜切片。

3 **混合副材料**
将腌过的萝卜和大白菜在水中洗去盐分，要多洗几次，然后和2的副材料混合，放入泡菜桶中。

4 **倒入腌泡菜的水**
辣椒粉放在棉质的过滤袋中，在水中不断摇晃制作出辣椒水。在辣椒水中加入盐和糖来提味，然后倒入泡菜桶中。

白菜泡菜

材料
大白菜5颗、粗盐6杯（1.5千克）

泡菜馅料 萝卜2个（3千克）、水梨1个、芹菜1把、大葱1／2株、蒜头5大颗、生姜2块、小辣椒20克、浸泡过的香菇4朵、木耳5朵、栗子与红枣各10颗、松子2大匙、盐1／2杯

腌泡菜的水 水梨1个、虾粉1／2杯、盐2／3杯、糖少许、水4升

1 **处理白菜**
白菜对半切，在盐水中泡10小时左右，捞出沥干。

2 **准备副材料**
芹菜和葱切成4厘米长，萝卜和水梨也切成差不多长度。大葱只使用葱白部分，切好。蒜头、生姜、栗子、红枣与泡过的香菇都切成细丝，小辣椒和木耳也切成适当的大小。

3 **放入馅料**
将馅料放入泡过盐水的白菜叶中，叶子一片一片打开填入馅料，最后用最外面的叶子将整个白菜包覆起来。

4 **倒入腌泡菜的水**
将水梨与虾粉放入果汁机均匀搅拌，与剩下的材料混合，倒入泡菜桶中，一直到盖过泡菜即可。

多汁爽口的泡菜和酸酸甜甜的酱菜开胃又能增加食欲，与口味清淡的粥品搭配能衬托出彼此的风味。

小黄瓜嵌

材料

小黄瓜 10 条、盐 1 / 2 杯、水 10 杯

泡菜馅料 韭菜 1 / 2 把、辣椒粉 1 / 2 杯、葱花 4 大匙、蒜末 2 大匙、姜末 1 小匙、盐与糖少许、水 1 / 2 杯

盐水 盐 1 大匙、水 4 杯

1 **处理黄瓜**
  黄瓜抹上盐，洗净，切成 6~7 厘米长后，直立，由上而下用十字刀法切到接近根部。泡在盐水中 1 个小时后，沥干。

2 **处理韭菜**
  韭菜在流水中洗净后，沥干，切成 1 厘米大小。

3 **制作泡菜馅料**
  将辣椒粉倒入水中后，把韭菜、葱花、蒜末与姜末全部倒入混合，加盐和糖提味。

4 **将馅料嵌入黄瓜中**
  将 3 填入黄瓜中。从黄瓜的十字切口中将馅料填入，注意不要让馅料掉出来，并好好放入泡菜桶中。

5 **倒入泡菜水使熟成**
  剩下的馅料一样均匀地铺在黄瓜嵌上即可。

酸黄瓜冷汤

材料

酸黄瓜 1 条，葱 1 / 2 株，辣椒粉 1 小匙、食用醋少许，水 4 杯

1 **切酸黄瓜**
  酸黄瓜切成圆片，放入冷水中稍微去除咸味。

2 **加水并调味**
  等到盐份已经去除得差不多后，加水，放入辣椒粉和葱花。可随个人口味用醋来提味。

※ **腌酸黄瓜**
  白皮黄瓜（普通大小）抹上盐，洗净后，放在泡菜桶或是瓮中，煮盐水，待盐水冷却后倒入。盐与水的比例是 10 : 1。为了防止小黄瓜浮起来，要用重的东西压住。大约 10 天左右就熟成了。

腌蒜头

材料

蒜头 50 颗

盐水 粗盐 1 杯、水 6 杯

腌料 醋与水各 5 杯、酱油 2 杯、糖 3 杯、盐 2 大匙

1 **处理蒜头和泡菜用的盐水**
  蒜头剥皮，只留下里面的部分。将处理好的蒜头泡在盐水中 1 个星期。

2 **制作腌蒜头用的水**
  在水中放入糖和盐，使其融化后，加入醋与酱油混合，制作成带有酸甜口感的水。

3 **腌蒜头**
  从盐水中捞出已经熟成的蒜头，装在瓶子里，接着慢慢倒入腌蒜头用的水，要能完全覆盖蒜头。

4 **煮滚汤汁再次倒入**
  经过 1 周后，将腌过蒜头的水倒入锅中，煮滚，等到完全冷却后再次倒入腌蒜头的瓶子中。经过 1 个月左右就能食用了。

开胃的风味小菜

卤牛肉

材料（4 人份）

牛肉（膝窝或里脊）600 克、胡椒 3~4 粒、干辣椒 3 个、洋葱 1 / 2 个、大葱 1 株、蒜头 20 颗、生姜 1 块、酱油 5 匙、糖 2 匙、清酒 4 匙、水适量

1　**处理牛肉**
　　牛肉去除油脂部分，泡水 8 分钟去除血水。

2　**煮牛肉高汤**
　　在锅中放入牛肉，水盖过牛肉即可，煮 20 分钟。煮牛肉时，需要将煮出的泡沫过滤掉。

3　**放入调味酱**
　　在锅中放入牛肉、酱油、糖、清酒，并倒入牛肉高汤来煮，煮滚后加入蒜头、生姜、大葱、洋葱、辣椒和胡椒粒一起煮。

4　**收汤汁**
　　用大火煮 20 分钟左右，改小火慢慢熬。一直到汤汁收到原来的一半时，熄火，冷却后即可装碗。

腌豆子

材料（4 人份）

黑豆 1 杯、水 2 杯、芝麻少许

调味酱　干辣椒 2 个、酱油 4 大匙、砂糖 3 大匙

味醂 2 大匙、果糖 3 大匙

1　**黑豆泡水**
　　将黑豆泡在水中 2 个小时以上后，捞出沥干。

2　**煮黑豆**
　　将浸泡过的黑豆放入锅中，加 2 杯水煮滚。黑豆熟后熄火。

3　**切干辣椒**
　　干辣椒对半切，去除出子，切段。

4　**调理调味酱**
　　在煮熟的黑豆中放入酱油、糖、味醂、干辣椒，用小火再继续煮。等到汤汁几乎快收干时，淋上果糖并洒上芝麻，均匀搅拌即可。

三色河豚肉松

材料（4 人份）

河豚肉松 1 包

盐口味酱料　盐与香油各 2 小匙

酱油口味酱料　酱油 2 小匙，糖与香油各 1 小匙、芝麻与胡椒粉少许

辣椒口味酱料　辣椒粉、盐、糖和香油各 1 小匙，芝麻少许

1　**研磨河豚肉松**
　　将河豚肉松放到白或研磨钵中均匀研磨，让它变得更细致。

2　**准备三色酱**
　　将三种颜色的酱料材料各自混合。白色是盐口味，褐色是酱油口味，红色是辣椒口味。

3　**与酱料混合**
　　将河豚肉松分成 3 份，放在碗中，分别放入 3 种酱料，均匀搅拌。

搭配粥的小菜以口味较重的小菜为佳。
卤牛肉、腌豆子这类小菜或是辣腌小萝卜干等简单的小菜是上上之选。

调味牛蒡

材料（4 人份）

牛蒡 200 克、魔芋 100 克、食用
油 3 大匙、芝麻 1 大匙

调味酱 酱油 2 大匙、糖、味醂
与果糖各 1 大匙、水 1／2 杯

1　**处理牛蒡**
　　牛蒡先剥除外皮，切成 5 厘
　　米长后，再切成筷子粗细，
　　然后泡在食用醋中去除异味。

2　**切魔芋**
　　魔芋也切成和牛蒡差不多的
　　大小。

3　**拌炒牛蒡和魔芋**
　　在平底锅中放入食用油，先
　　拌炒牛蒡后，再放入魔芋一
　　起炒。

4　**加入调味酱**
　　除了果糖外，将调味酱中的
　　其他材料全部加入一起炒，
　　炒一下后盖上锅盖着色。然
　　后再加入果糖增加光泽，并
　　洒上芝麻。

辣腌小萝卜干

材料（4 人份）

小萝卜 200 克、辣椒叶 30 克、
酱油 1／3 杯

腌料 糖 1 大匙、果糖 2 大匙、
小鱼干酱 1 大匙、水 2 大匙、辣
椒粉 1／2 大匙、蒜末 1 小匙、
芝麻 1 大匙、香油 1／2 大匙

1　**清洗小萝卜**
　　小萝卜在水中洗净后捞出，
　　沥干。

2　**清洗辣椒叶并沥干**
　　辣椒叶在水中洗净后，沥干。

3　**腌酱料**
　　将小萝卜泡在酱油中 20 分钟
　　左右捞出，和辣椒叶一起腌。

4　**用腌料腌制**
　　将所有的腌料混合后，放入
　　小萝卜与辣椒叶，存放在装
　　小菜的保鲜盒中即可。

酱蚵

材料（4 人份）

生蚵 400 克、萝卜 100 克、水梨
1／4 个、栗子 2 个

腌料 辣椒粉 4 大匙、盐 3 大匙、
葱 1／4 株、蒜头 2 颗、生姜 1 块

1　**清洗蚵并沥干**
　　挑选小而新鲜的蚵，在盐水
　　中一边摇晃一边洗净后，捞
　　出，沥干。

2　**处理萝卜、水梨**
　　萝卜切成长和宽各 1.5 厘米
　　的大小，水梨也切成和萝卜
　　差不多的大小。栗子切块。

3　**切葱、蒜头与生姜**
　　葱切成 3 厘米长，蒜头与生
　　姜也都切成小片。

4　**用腌料腌制**
　　将准备好的腌料全部混合
　　后，放入鲜蚵与剩余其他食
　　材均匀混合后，装瓶。存放
　　在阴凉的地方。

图书在版编目（CIP）数据

让粥成为你的药房 ／ （韩）韩福善著；张钰琦译. ——
杭州：浙江科学技术出版社，2014.6
ISBN 978-7-5341-5964-0

Ⅰ．①让… Ⅱ．①韩… ②张… Ⅲ．①粥-保健-食
谱 Ⅳ．①TS972.137

中国版本图书馆CIP数据核字(2014)第062591号

著作权合同登记号 图字：11-2014-265号

原书名：우리 몸엔 죽이 좋다：내 몸에 약이 되는 우리 음식
Rice Porridge is Good for Your Health
Copyright © 2012 by Han Bokseon (한복선)
All rights reserved
Simple Chinese Copyright © 2014 by BEIJING LIGHTBOOKS CO., LTD.
Simple Chinese language edition arranged with LEESCOM Publishing Group
through Eric Yang Agency Inc.

书　　名	让粥成为你的药房	
著　　者	[韩]韩福善	

出版发行	浙江科学技术出版社	
网　　址	www.zkpress.com	
	杭州市体育场路347号　邮政编码：310006	
	办公室电话：0571-85062601	
	E-mail：zkpress@zkpress.com	
排　　版	烟雨	
印　　刷	北京大运河印刷有限责任公司	
经　　销	全国各地新华书店	
开　　本	787×1000　1/16	印　张　9.5
字　　数	100 000	
版　　次	2014年6月第1版　2014年6月第1次印刷	
书　　号	ISBN 978-7-5341-5964-0	定　价　32.00元

责任编辑　宋　东　李骁睿

责任校对　王　群　　　责任印务　徐忠雷